beck'sche reihe

W0088047

„Sie verspotten mich, daß ich in dem Land etwas anderes suche als Zucker." So beschrieb Maria Sibylla Merian ebenso verärgert wie enttäuscht die ignorante Reaktion ihrer Landsleute auf die Ergebnisse ihrer ungewöhnlichen Entdeckungsreise. Mehr als zweihundert Jahre später wird die zunächst als Außenseiterin abgetane und dann mit dem Nobelpreis geehrte Barbara McClintock auf die Frage nach der Quelle ihrer Kraft für ihre bahnbrechenden Arbeiten antworten: „Ich tat einfach nur das, was ich gerne tat."

Beide Sätze illustrieren sehr plastisch die emotionalen Belastungen wie auch den unbedingten Selbstbehauptungswillen, die wissenschaftliche Forschung häufig begleiten. Die in diesem Buch versammelten Biographien herausragender Biologinnen und Biologen und die Darstellung ihrer bedeutenden Forschungen zeigen beispielhaft, wie stark wissenschaftliches Arbeiten neben großer Ausdauer, nicht erlahmender Neugier und dem Mut zu unkonventionellen Fragen und Antworten durch Reaktion und Verhalten einer oft unverständigen Umwelt geprägt werden. Die hier erzählten Sternstunden der Biologie sind deshalb nicht nur Resultate ungewöhnlicher Leistungen des Intellekts und der Willenskraft. Sie dokumentieren ebenso die außergewöhnlichen Persönlichkeiten, die mit jenen besonderen Leistungen untrennbar verbunden sind.

*Peter Düweke* ist promovierter Biologe, Autor und Wissenschaftsjournalist in Bonn.

Peter Düweke

# Darwins Affe

Sternstunden der Biologie

Verlag C.H. Beck

Mit 11 Abbildungen

Die Deutsche Bibliothek – CIP-Einheitsaufnahme

*Düweke, Peter:*
Darwins Affe : Sternstunden der Biologie /
Peter Düweke. – Orig.-Ausg. – München : Beck, 2000
    (Beck'sche Reihe ; 1351)
    ISBN 3 406 42151 2

Originalausgabe
ISBN 3 406 42151 2

Umschlagentwurf: +malsy, Bremen
Umschlagabbildung: TCL/BAVARIA Bildagentur
© C. H. Beck'sche Verlagsbuchhandlung (Oscar Beck), München 2000
Gesamtherstellung: C. H. Beck'sche Buchdruckerei, Nördlingen
Printed in Germany

*„I'm Watson, I'm Crick,*
*Let us show you our trick,*
*We've found where the seed of life sprang from.*
*We believe we're a stew*
*of molecular goo*
*With a period of thirty-four Ångstroms."*

(E. S. Anderson)

# Inhalt

# Vorwort

„Das Geheimnis des Lebens? Aber das dürfte doch – zumindest im Prinzip – im großen und ganzen, wenn auch nicht in allen Details bekannt sein", so der Molekularbiologe Jacques Monod in der Aufbruchstimmung der 1960er Jahre. Andere Biologen waren da bescheidener. Barbara McClintock hatte ein Faible für Dinge, die aus dem Rahmen fielen und von anderen gern als Meßfehler, Ausnahmen oder Verunreinigungen abgetan wurden. Sie entdeckte die sogenannten springenden Gene, die ihr jahrelang niemand abkaufte. Entdeckungsgeschichten sind immer auch Lebensgeschichten. Als ich die Menschen und ihre Zeit näher kennenlernte, nahmen sie Gestalt an und wurden lebendig. Manchmal hatte ich das Gefühl zu verstehen, was sie trieb, was ihre Widerstände waren und wie es ihnen erging.

Alle haben mich berührt. Dem italienischen Anatom Marcello Malpighi hielten ebenso mißgünstige wie einflußreiche Medizinerkollegen vor, er habe die Heilkunst nicht verbessert. Einige Gelehrte arbeiteten gegen ihn. Gregor Mendel blieb mit seiner Entdeckung, die er in Wissenschaftlerkreisen mitteilte, allein. Barbara McClintock nahm man jahrelang nicht ernst. Obwohl sie experimentelle Beweise vorlegte, konnte oder wollte man sie nicht verstehen. Bezeichnend war Darwins Angst vor der Veröffentlichung seiner Abstammungslehre. Rund 20 Jahre lang sammelte er Indizien für seine ihn selbst ungeheuer anmutende Idee, bis er sich unter dem Druck, Wallace könne ihm zuvorkommen, zur Publikation einer Kurzfassung seiner neuen Theorie entschloß. Er ahnte ihre große Sprengkraft für Gesellschaft und Wissenschaft. Darwin verbrachte einen Großteil seines Lebens krank im Bett. Immer wieder litt er an heftigen Beschwerden, ohne daß Ärzte eine bestimmte Erkrankung feststellen konnten. Einige Autoren haben vermutet, Darwin habe sich auf seiner Weltexpedition die Chagas-Krankheit zugezogen. Diese Ansicht ist jedoch sehr umstritten. Waren seine regelmäßigen Anfälle vielleicht Ausdruck innerer Konflikte?

Die ebenso wunderbaren wie sehr unterschiedlichen Lebensgeschichten zeitigen aber nicht nur tragische, sondern auch eigenwillige und komische Ereignisse. Witz ist fein eingewirkt in die Geschichte von James Watson und Francis Crick über die Entdeckung der Struktur der Erbsubstanz. Auch in den anderen Geschichten blitzt er immer wieder auf. Lebensgeschichten, so scheint es, enthalten überhaupt viel Tragikomik, so auch – oder gerade besonders? – die der Menschen, deren Leistungen große wissenschaftliche Würfe sind. Man staunt, lacht oder schüttelt den Kopf – oder alles zusammen.

Natürlich können die in diesem Buch aufgenommenen Biographien herausragender Wissenschaftler und ihrer weitreichenden Entdeckungen nur eine Auswahl sein, zumal ein Taschenbuch wie dieses nur wenig Raum bietet. So ging es mir auch gar nicht darum, Vollständigkeit im Sinne einer biologiehistorischen Darstellung anzustreben, als vielmehr zu versuchen, aus der großen Zahl der wichtigen Forscher und Entdecker ein möglichst vielfältiges Panorama der sehr unterschiedlichen Forschercharaktere und des Weges zu ihren bahnbrechenden Entdeckungen zu zeichnen. Sternstunden der Biologie wollte ich beschreiben; daß kein Firmament daraus werden konnte, mögen mir die Leserinnen und Leser dieses Buches nachsehen.

*„Daraus konnte ich klar sehen, daß das Blut geteilt wird und durch gewundene Gefäße fließt ...."*

Marcello Malpighi (1628–1694)

Licht und Schatten in den Arkaden, Loggien und Säulenhallen Bolognas. Heute noch würde Malpighi einige der Gebäude rund um die Piazza Maggiore und die Piazza del Nettuno wiedererkennen. Das Bologna des 17. Jahrhunderts war ein ausstrahlendes kulturelles Zentrum mit einer der ältesten Universitäten, berühmt vor allem für die Lehre der Rechte. Die Zentren der anatomischen Forschung waren die Räume von Privathäusern. Die Mitglieder des Clubs *Coro Anatomico* fanden sich zu ihren Sektionen im Haus von Professor Bartolomeo Massari ein. Auch Malpighi richtete sich ein anatomisches Labor zu Hause ein. Alljährlich in der Zeit des Karnevals strömten Menschen ins Anatomische Theater zu Sektionsvorführungen. Die Demonstrationen vor den Augen der Öffentlichkeit sollten Streitfragen klären. Ein Professor trug ex cathedra seine Thesen vor, während Anatomen auf dem Seziertisch eine Leiche oder ein Tier öffneten. Zur gleichen Zeit führte in Pisa Francesco Redi Schausektionen vor: zur intellektuellen Erbauung der Herrscherfamilie der Medici. So tief Anatomen auch in Leib und Organe vordrangen, so scharf einige sondierten – Bologna im 17. Jahrhundert war wenig offen für neue Erkenntnisse, vor allem, wenn sie mit der herrschenden Philosophie nicht zu vereinbaren waren. Nicht so Malpighi. Die alten Schriften kannte er, sie waren eine Sache. Er jedoch wollte mit eigenen Augen sehen. Und mit dem Mikroskop würde er noch viel tiefer sehen, so wie Galilei mit dem Fernrohr.

Das Messer in der Hand hält er einen Augenblick inne und schaut auf die offene Lunge, das seltsame „poröse Parenchym". Er schneidet sie aus der Brusthöhle des Schafes heraus, spritzt

*Marcello Malpighi, Kupferstich*

Wasser in die Lungenarterie und -vene und spült alles Blut aus den
Gefäßen aus. Wie einen Lappen wringt er das jetzt weißliche, zu-
sammengefallene Organ vorsichtig aus. Als er Luft in den Bronchus
bläst, bläht es sich wie ein Ballon auf. Nach dem Trocknen bemerkt er am äußersten Rand im Licht durchscheinende Bläschen.
Mit einem Vergrößerungsglas sieht er, daß die Bläschen aus noch
kleineren Bläschen bestehen. Er schneidet die Masse durch und
hält die Hälften ins Licht. Auch das Innere besteht aus Bläschen.
Die Lunge ist ein Schwamm aus hohlen Kammern, ein Netzwerk
aus unglaublich vielen Bläschen. „Durch sorgfältige Untersuchung
habe er gefunden", schreibt er, „daß die gesamte Lungenmasse eine Aggregation von äußerst dünnen Membranen ist". Sie formten
eine beinah unendliche Zahl kugelförmiger Alveolen (Lungen-

bläschen). Im Prinzip handele es sich um nur eine Membran. Denn die innere Membran der Luftröhre setze sich über viele Verzweigungen immer kleinerer Röhren in die Bläschen fort.

Er gießt Quecksilber in die Luftröhre einer getrockneten Lunge. Feinste Verästelungen und Trauben unzähliger Bläschen werden sichtbar. Er ist begeistert und doch unzufrieden. Was geschieht mit dem Blut in der Lunge? Es fließt in Arterien hinein und in Venen wieder heraus. Aber wie kommt es von den Arterien in die Venen? Was ist das fehlende Stück, das William Harvey, der Entdecker des Blutkreislaufes, nicht gefunden hat? Vielleicht fließt das Blut ja in verborgene Reservoirs, wo es sich mit Luft mischt und aus denen es in Venen wieder abfließt? Bei Fröschen kollabieren die Lungen nicht, wenn man die Brust öffnet. Um die Lösung des Rätsels zu finden, opfert er nach eigenen Worten beinahe das ganze Geschlecht der Frösche. Mit Fäden bindet er die Blutgefäße einer Froschlunge ab, schneidet sie heraus und trocknet sie. Unter dem Mikroskop sieht er, daß kleinste Arterien mit kleinsten Venen durch eine Art Ring verbunden sind. Als er stärkere Linsen anwendet, taucht ein äußerst feines Netzwerk auf. „Daraus konnte ich klar sehen, daß das Blut geteilt wird und durch gewundene Gefäße fließt und daß es nicht in Hohlräume strömt, sondern stets durch Röhren getrieben und durch die vielfachen Krümmungen der Gefäße verteilt wird." Malpighi hat die Kapillaren, die feinen Haargefäße, entdeckt. Sie sind das fehlende Glied zwischen Arterien und Venen.

Lange nach 1661 würde sich zeigen, daß die Wände der Kapillaren so dünn sind, daß durch sie der gesamte Stoffaustausch zwischen Blut und Körperzellen – Versorgung und Entsorgung – erfolgt. Die Lungenkapillaren sind mit den Membranen der Lungenbläschen verschmolzen. Ohne es zu wissen, hat Malpighi den Ort des Gasaustausches gefunden. Hier nimmt das Blut Sauerstoff auf und gibt Kohlendioxid ab.

Marcello Malpighi wurde am 10. März 1628 in Crevalcore, 29 Kilometer nordwestlich von Bologna, geboren. Im Anschluß an die grammatikalischen Studien schrieb er sich am 8. Januar 1646 an der Universität von Bologna ein. Auf dem Lehrplan stand zunächst Aristoteles in der Auslegung des Thomas von Aquin. Drei Jahre später, als innerhalb weniger Tage seine Eltern und seine

Großmutter starben, mußte er sich als ältestes Kind auch um seine fünf Geschwister kümmern. Bald entschloß er sich, die „wahre und sichere Methode des Heilens" von den „distinguierten Männern" Bartolomeo Massari und Andrea Mariani zu erlernen. „Weil zu der Zeit die Blutzirkulation und das zunehmende neue Wissen der Anatomie weithin bekannt zu werden begannen", schrieb er, „versammelte Doktor Massari, dessen Interesse geweckt worden war, in seinem Haus einen *Coro Anatomico* aus neun Mitgliedern, unter denen ich die Ehre habe, eingeschrieben zu sein. Sie pflegten privat eine anatomische Sektion ihrer Wahl vorzunehmen und zusätzlich (…) häufige Sektionen verschiedener lebender Tiere sowie menschlicher Leichen, wenn hingerichtete Kriminelle verfügbar waren."

Die ersten systematischen Sektionen hatte der Flame Andreas Vesalius im 16. Jahrhundert durchgeführt, der sich über die geltende Medizinschule Galens aus dem 2. Jahrhundert hinweggesetzt hatte. Bei einem Schlachter könne man mehr über Anatomie lernen, so Vesalius, als bei den medizinischen Lehrveranstaltungen. Die Ergebnisse seiner Untersuchungen hatte er in Tafeln und einem Lehrbuch im Jahr 1543 vorgestellt. Den entscheidenden Impuls erhielt die Anatomie jedoch fast ein Jahrhundert später. Als der Engländer William Harvey 1628 – in Malpighis Geburtsjahr – den Blutkreislauf entdeckte, führte dies nicht nur zu heftigen Grundsatzdiskussionen, sondern bildete ebenso den Auftakt zu einem unabsehbaren anatomischen Forschungsprogramm. Seither debattierten Anatomen und Philosophen in Italien, Frankreich, England, den Niederlanden und Deutschland über die Bedeutung von Beobachtung und Experiment und über die Rolle der Mechanik in der Anatomie. Viele teilten Harveys Ansicht, allein die Menge des Blutes, die das Herz pumpte, setze einen Kreislauf voraus und daß die Venenklappen rein mechanisch funktionierten. Malpighi verfolgte aufmerksam diese Debatten.

Am 26. April 1653 fanden an der Universität von Bologna ein Triumphzug und ein festliches Bankett statt. Malpighi überreichte dem Archidiakon und Vikar Wein und Süßigkeiten, dem Prior Ring, Mütze und Handschuhe und den Sponsoren einen langen Mantel und Wollstoff. Darauf versah der Promotor Malpighi mit den Insignien des Doktorates: einem geschlossenen und einem offenen Buch, einem goldenen Ring und dem Doktorhut. Eigentlich müßte er alles zweimal erhalten haben, denn Malpighi hatte den Doktor in Medizin und in Philosophie erworben.

Da weder er selbst noch sein Vater in Bologna geboren waren, erhielt er zunächst keinen Lehrauftrag. Eine Petition in dieser Sache lehnte der Senat der Stadt ab. So begleitete er als Assistent seine Lehrer Massari und Mariani auf Arztbesuchen. Mariani hatte Einfluß, und womöglich half er Malpighi, denn Ende 1655 erteilte der Senat ihm einen Lehrauftrag. Doch wenig später erhielt er ein noch attraktiveres Angebot.

Der toskanische Großherzog Ferdinand II. bot ihm den Lehrstuhl für theoretische Medizin in Pisa an, und Malpighi kehrte Bologna, wo eifersüchtige Rivalen ihn ohnehin ärgerten, den Rücken. Pisa wirkte auch einladend auf ihn, weil es sich vom Schwergewicht der alten Geistesgrößen, vor allem von Galen, dem letzten großen Arzt der Antike, zu lösen begann und sich der neuen, experimentellen, der freien Philosophie öffnete. Seit dem 15. Jahrhundert blühten Geistes- und Kulturleben in der Stadt unter der Herrschaft der Medici auf. Und jetzt wehte hier der Geist Descartes und Galileis, nicht zuletzt am Hof des Großherzogs selbst und seines Bruders Prinz Leopold. Eine der ersten wissenschaftlichen Gesellschaften, die *Accademia del Cimento*, hatte im Jahr 1657 ihr erstes Treffen. Ihre Mitglieder interessierten sich weder für die Ansichten der alten Philosophen noch überhaupt für Theorie. Dagegen suchten sie allein durch experimentelle Demonstrationen Erkenntnisse zu gewinnen, wobei sie durchaus um die Fallstricke der Experimentierkunst wußten. Auf dem Programm der Treffen, an denen Ferdinand und Leopold stets teilnahmen, standen physikalische Versuche, darunter Messungen des Luftdrucks, das Gefrieren von Wasser, die Ausdehnung von Metallen beim Erhitzen, Komprimieren von Wasser, Magnetismus, Farbwechsel von Flüssigkeiten, die Ausbreitung von Tönen in der Luft. Zu den Mitgliedern der *Accademia del Cimento* gehörten das wissenschaftliche Multitalent Francesco Redi und der Mathematiker Giovanni Alfonso Borelli.

Mit dem 47jährigen Borelli freundete sich der 28jährige Malpighi an. Borelli beschrieb Körperfunktionen mechanisch und mathematisch auf der Grundlage der neuen Physik Galileis. Sein Meisterstück *Über die Bewegung der Tiere*, in dem er auch den

Vogelflug beschrieb, erschien nach seinem Tod. Nach Borellis Verständnis ging jedoch Bewegung weit über Fortbewegung und Muskeltätigkeit hinaus. Er glaubte, viele, wenn nicht alle Körperfunktionen kämen nach den Gesetzen der Mechanik zustande. Chemische Vorgänge zur Erklärung von Atmung, Verdauung oder Drüsentätigkeit lehnte er ab.

Malpighi lernte von Borelli die Gesetze der Mechanik und eine mechanistische Sichtweise, und Borelli lernte Anatomie von dem Mediziner. Bis 1668, als sie sich im Streit trennten, hatte Borelli einen großen Einfluß auf Malpighi. Das bezeugt ihr intensiver und fruchtbarer Briefwechsel, von dem nur Borellis Briefe erhalten sind. Malpighi sezierte und teilte die Beobachtungen seinem „Orakel" mit, der sie deutete und Vorschläge für weitere Untersuchungen machte. Borelli riet ihm auch, die anatomischen Funde zu zeichnen.

In Borellis Augen war Malpighi äußerst introvertiert und fürchtete sich vor Fehlern und öffentlicher Kritik. Er solle sich nicht damit quälen, schrieb er ihm, daß alles, was er tue, perfekt sein müsse. Schüchternheit sei gut bis zu einem gewissen Grad, nämlich als Anreiz, seine Aufgabe gut zu machen, jedoch nicht, wenn sie die Seele zu sehr belaste und unterdrücke. Der Malpighi-Forscher Howard Adelman kennzeichnete die beiden unterschiedlichen Charaktere so: Borelli, selbstbewußt, verärgert, wenn seine Leistungen nicht Anerkennung fanden, im täglichen Leben von schweigsamer Kälte und Reizbarkeit, was Menschen davon abhielt, sich mit ihm anzufreunden; Malpighi, gütig, freundlich, sanft, denen ergeben, die seine Liebe gewonnen hatten, bescheiden und scheu. Beide waren also zerbrechliche Persönlichkeiten, und beide trieb die Leidenschaft an, Neues zu entdecken.

In Pisa bekam Malpighi wohl am toskanischen Hof sein erstes Mikroskop in die Hand. In der Zeit um 1600 hatten Brillenmacher das Fernrohr und das Mikroskop erfunden. Gemeinsam mit Robert Hooke in England und Antoni van Leeuwenhoek in Holland zählt Malpighi zu den Mikroskopierern der ersten Stunde. Während van Leeuwenhoek einfache Mikroskope mit nur einer Linse baute und Hooke zusammengesetzte Instrumente mit mehreren Linsen entwickelte, arbeitete Malpighi mit Mikroskopen des bekannten römischen Herstellers Eustachio Divini.

Im Frühsommer 1659 kehrte er nach Bologna zurück, wo er Vorlesungen in theoretischer und in praktischer Medizin hielt. Als in Messina auf Sizilien der Lehrstuhlinhaber für praktische Medizin starb, rührte Borelli für seinen Freund die Werbetrommel. Im Oktober 1662, nachdem Malpighi einen Ruf des Senats von Messina erhalten hatte, brach er mit einem Assistenten über Rom und Neapel nach Sizilien auf. In seiner Eröffnungsvorlesung vor Senatoren und Professoren stellte er dar, daß sich das Studium der Anatomie gegenwärtig erneuere und durch die Mechanik festen Boden gewinne.

Zwei Jahre später wartete Malpighi mit einer ganzen Reihe neuer Entdeckungen auf. An der Zunge wie an der Haut unterschied er eine verhornte Schicht, die Epidermis, von einer schleimhautartigen Schicht, die nach ihm Malpighi-Schicht genannt wurde. Unter der schleimhautartigen Schicht fand er Nerven, die jeweils in Papillen auf der Zungenoberfläche mündeten. Der Form nach unterschied er drei Papillentypen, die er für die Organe der Geschmackswahrnehmung hielt. Wie sich später herausstellte, gibt es genaugenommen vier Typen, die auf die Geschmacksqualitäten süß, sauer, salzig und bitter reagieren. Des weiteren fand er Tastsinnesorgane an Händen, Füßen, Hufen, Lippen und Vogelfüßen, wobei er nun Nerven für die eigentlichen Meßinstrumente der Berührung hielt. Er erkannte, daß Nervenfaserbündel von den Extremitäten und von der Körperoberfläche zum Rückenmark liefen und mit dem Gehirn verbunden waren, und identifizierte Nervenfasern in der weißen Substanz des Rückenmarks. Überdies beschrieb er den Sehnerv an Schwertfisch, Rind, Ziege und Schwein.

1666 entdeckte er rote Blutkörperchen im zirkulierenden Blut eines Tieres. Das Blut, schrieb Malpighi, teile sich in einen faserigen, roten Anteil, der die Blutkörperchen enthalte und fest werde, wenn das Blut gerinne, und in das farblose Blutserum. Das Blutserum bestehe aus Wasser, Salzen und einer Substanz, die dem Eiweiß ähnele und wie dieses beim Erhitzen fest werde.

1665 kam in Messina ein Streit um die richtige Lehre auf. Michele Lipari veröffentlichte Thesen, mit denen er die Behauptungen der Modernisten widerlegen wollte, darunter die des Blutkreislaufes. Malpighi und sein Kollege Catalano wurden als Vertreter der Modernisten zu einem öffentlichen Disput eingeladen, doch Malpighi sagte mit der Begründung ab, Fragen von solcher Wichtigkeit könnten nicht in einem kurzen Schlagabtausch entschieden werden. Er werde schriftlich auf Liparis Thesen antworten. Dann faßte er gemeinsam mit Catalano die neuen Erkenntnisse in 46 Thesen zusammen, die Michele Lipari wiederum mit der Streitschrift *Der Triumph der Galenisten, die Wurzeln der Irrtümer der neoterischen (neuen) Mediziner vollständig freilegend ...* beantwortete. Das Lernen der wahren Medizin, hielt Malpighi dagegen, bestehe nicht darin, den Sätzen entweder der alten oder der neuen Medizin streng zu folgen, sondern darin, die guten und wahren Erkenntnisse zu sammeln, die über beide verteilt seien.

Im Mai 1666 kehrte er vorerst nach Bologna zurück. Der Senat von Messina hatte ihm eine vierjährige Professorenstelle angeboten, aber auch die Herren von Bologna bemühten sich um ihn, und so blieb er schließlich. Malpighi heiratete spät, noch später seine Braut. Am 21. Februar 1667, kurz vor seinem 39. Geburtstag, ging er mit der fast 58jährigen Francesca Massari, der Schwester seines früheren Medizinprofessors, die Ehe ein.

In Bologna untersuchte Malpighi Knochen und die Knochenbildung und fand heraus, daß Knochen aus Fasern und einem Knochensaft bestanden. Heute sagen wir, kollagene Fasern sind in eine Knochengrundsubstanz eingelagert. Malpighi stellte zudem fest, daß Knochen dicker werden, indem sie neue Schichten auflegen. In ihnen verankern sich Fasern, die von Knochenhaut und Sehnen ausgehen. Weiter erkannte er, daß die Knochenhaut bei der Knochenbildung in Gegenwart von Knochensaft verbraucht, d.h. in Knochensubstanz umgewandelt wird.

Der dänische Anatom Steno hatte inzwischen herausgefunden, daß Drüsen aus Verbindungen zwischen Arterien und Venen, Nerven und Gängen bestanden, durch die eine bestimmte Substanz abgegeben wurde. Für Malpighi gab es nur zwei Körperprozesse: Mischung – hierunter fielen auch Fermentationen und chemische Prozesse – und Trennung, wozu die Aus- und die Abscheidung von Drüsensekreten durch Filtration gehörten. Er stellte sich Drüsen als siebartige Filter vor, die Substanzen aus dem Blut heraustrennten: Speicheldrüsen filterten wäßrigen Speichel, die Bauchspeicheldrüse filterte ihren Saft und so in gleicher Weise die Leber Galle, die Nieren Harn, die Hoden Samenflüssigkeit. Selbst das Gehirn war eine Drüse, die Nervenflüssigkeit aus dem Blut abschied. Daher suchte Malpighi nach einer gemeinsamen Struktur, einem Archetyp der Drüsen. In einer Operation an einer lebenden Katze fand er, daß die Pfortaderläppchen Galle abgaben, die durch den Gallengang in die Gallenblase floß und dort gespeichert wurde. Damit war erwiesen, daß die Leber eine sekretorische Drüse war.

Bei der Niere knüpfte er an den Anatomen Bellini an, der erkannt hatte, daß sie von außen bis zum inneren Nierenbecken aus einer riesigen Ansammlung kleinster Kanälchen bestand. Er hatte die letzten Verzweigungen der Blutgefäße bis in die äußerste Schicht der Niere verfolgt. Dort sollten nach Bellinis Deutung die Arterien in Kontakt mit Nierenkanälchen und mit Venen treten und Harn in einen freien Raum abscheiden. Doch Bellini hatte die Kapillaren übersehen und irrte in der Annahme, Harn werde in einen freien Raum abgeschieden. Malpighi entdeckte die richtige Struktur und den Verlauf der Harnkanälchen und verfolgte sie bis in die Nierenkörperchen, die *Malpighi-Körperchen*. Später zeigte sich, daß ein Malpighi-Körperchen aus einer Harnkanalkapsel besteht, in die ein Kapillarknäuel eingestülpt ist. Hier wird Primärharn aus dem Blut gepreßt.

Im Jahr 1668 erhielt Malpighi einen Brief aus London. Henry Oldenburg von der berühmten wissenschaftlichen *Royal Society* wünschte, in ständige Korrespondenz mit Malpighi zu treten, und bat um anatomische Untersuchungen der Seidenraupe und an Pflanzen. Malpighi fühlte sich ermutigt und geehrt, brauchte er doch stets Menschen, die ihm etwas zutrauten. Überdies befand sich seine Freundschaft mit Borelli kurz vor dem Bruch. Denn Borelli stand nach seiner Überzeugung hinter einer Schrift, die seine Arbeit über die Geschmackspapillen als unzureichend kritisierte. Im Jahr 1669 wurde Malpighi jedenfalls als Ehrenmitglied in die Royal Society aufgenommen, und seine Schriften erschienen in deren angesehenen *Philosophical Transactions*.

Zunächst untersuchte Malpighi die Seidenraupe als ein „unvollkommenes" Tier, um Aufschlüsse über die komplizierten Strukturen und Organe „vollkommener" Tiere und des Menschen zu erhalten. Darauf erforschte er die Entwicklung des Kükens im Ei und schließlich den Bau der Pflanzen. Seine Untersuchungen über den Seidenmaulbeerspinner führten 1669 zur ersten Monographie eines Insekts. Malpighi beschrieb als erster das Tracheensystem, das unglaublich feine Röhrennetz, das das Insekt mit Luft versorgt, sowie das eigentümliche Herz. Er beschrieb die Ausscheidungsorgane, die *Malpighischen Gefäße*, und arbeitete zahlreiche anatomische Einzelheiten heraus, darunter solche des Nervensystems, der Spinndrüsen und der Geschlechtsorgane des Falters. Dabei unterliefen ihm hier wie auch bei anderen Untersuchungen Fehler. So übersah er z. B. das Gehirn der Insekten.

In der Schrift *Über die Entwicklung des Hühnchens im Ei* aus dem Jahr 1673 beschrieb Malpighi eine neue Methode zur Beobachtung der Entwicklung des Embryos. Die Keimscheibe unterschiedlich lang bebrüteter Eier ließ sich vorsichtig vom Dotter abtrennen und auf einer Glasscheibe zur mikroskopischen Untersuchung ausbreiten. Er entdeckte die Ursegmente im 12 Stunden alten Embryo, die er korrekt als Anlage der Wirbelsäule deutete. Nach 24 Stunden sah er die Anlagen des Kopfes und Rückgrats in der Flüssigkeit schwimmen. Er erkannte drei Gehirnbläschen und die Augenbläschen. Ferner unterschied er die Embryonalhüllen (Amnion und Serosa). Am 40 Stunden alten Embryo beobachtete er das schlagende Herz, sah den Aortenbogen und beschrieb die Entwicklung des Kreislaufs. Am dreitägigen Embryo machte er genaue Beobachtungen des Gehirns und entdeckte den embryonalen Harnsack (Allantois).

Malpighi, der wegen dieser Arbeiten auch als Begründer der Embryologie gilt, meinte später, das Weibchen liefere die Flüssigkeit des Eis, während der männliche Samen die Entwicklung steuere, indem er Partikel anziehe und ordne. Während diese Ansicht üblicherweise patriarchal geprägt war, fällt der Aspekt der Steuerung und des Ordnens im Entwicklungsgeschehen auf. Denn im 17. Jahrhundert standen sich zwei Auffassungen über die Art der Entwicklung gegenüber. Die einen behaupteten, eine Miniatur des erwachsenen Tieres liege bereits in einem Elternteil vor – entweder im Ei oder im Samen – und müsse sich nur noch vergrößern (Präformation); die anderen meinten dagegen, der Embryo entwickele sich schrittweise durch Differenzierung (Epigenese). Wahrscheinlich stellte sich Malpighi die Entwicklung des Embryos als einen schrittweisen Ordnungsprozeß vor. Die Theorie der Epigenese setzte sich nach heftigen Auseinandersetzungen jedenfalls erst im 19. Jahrhundert durch.

In *Anatomie der Pflanzen*, 1675 und 1679 in London erschienen, verglich Malpighi Bauprinzipien der Pflanzen mit denen der Tiere. Darin fühlte er sich sogar dem englischen Pflanzenanatomen Nemiah Grew überlegen. Von Grew unterschied er sich in seinem Vorgehen. Während der Engländer nach der „Methode der Natur" vorging, vom Samen über die Entstehung des jungen Keimlings und über die Bildung von Wurzeln, Sproß, Blättern und Blüten bis wieder hin zum Samen, nahm sich Malpighi zunächst die Epidermis eines Stengels vor, dann die inneren Gewebeschichten und schließlich dessen Wachstum. Er erkannte, daß Wurzelknollen und Rhizome Stengel waren und daß die Wurzel Poren besaß, durch die sie Stoffe aufnahm. Er fertigte Quer- und Längsschnitte des Holzes vom Wilden Wein an, zeichnete sie und beschrieb Epidermis, Bast, Holzfasern, Leitbündel und Markstrahlen. Die Spiralgefäße im Holz nannte er Tracheen aufgrund ihrer auffälligen Ähnlichkeit mit den Luftröhren der Insekten.

Am 6. Februar 1684 ging das Haus der Malpighi in Flammen auf, als seine Frau eine brennende Kerze in einem Wäscheschrank vergessen hatte. Zwei Zimmer brannten komplett aus. Wertvolle Leinenstoffe, Schmuck, Geld, Möbel und Bilder wurden vernichtet und vor allem Manuskripte, Bücher und Mikroskope. Der Anblick seiner Frau, so Malpighi, die untröstlich sei, rühre ihn zu Tränen und lasse ihn das Brot des Schmerzes essen. Der Herzog von Modena versprach, neue Mikroskope zu schicken.

Erneut wurde Malpighi zur Zielscheibe von Angriffen durch Vertreter der alten Lehre. Anfang 1689 landete Paolo Mini im Verbund mit anderen einen Schlag gegen ihn und die Modernisten. Ihre vier markigen Thesen lauteten: 1. Es ist unsere feste Überzeugung, daß die Anatomie des Feinbaus der Eingeweide keinem Arzt etwas nützt. 2. Wir glauben, daß die Behauptung, die Säfte würden einzig durch eine siebartige Struktur getrennt, absolut falsch ist. 3. Die Untersuchung der kleinsten Teile der Pflanzen und Insekten hat wohl die Philosophie, jedoch nicht die Medizin bereichert. Erkenntnisse über den Bau der Teile werden die Heilkunst nicht befördern. 4. Der angehende Arzt soll den Unterschied zwischen Diagnose und Prognose kennen und die Positionen der organischen Teile. Dabei hilft es, die Namen der Krankheiten, ihre Dauer und ihre Verlaufsformen zu kennen.

Diese Thesen wurden öffentlich in einer Klosterbibliothek debattiert. Als der Archidiakon Malpighi beschuldigte, er habe den Senat davon abgehalten, Minis und Sbaraglias Gehälter zu erhöhen, er vernachlässige seine Lehre und stehle sein Gehalt, war aus der Debatte eine Schlammschlacht geworden. Wenige Monate später erschien eine anonyme Schrift *Über die Forschung der neuen Mediziner*. Der Autor stellte sich jedoch schnell als Dr. Giovanni Girolamo Sbaraglia heraus, ein einflußreicher Medizinprofessor und Malpighis Erzfeind. In der Schrift hieß es, obwohl zahlreiche neue Beobachtungen gemacht worden seien, wie die der Harnleiter, der Nierenkörperchen, der Gänge und Kanälchen, hätten sie überhaupt nichts zur Heilkunst beigetragen. Wäre Galen noch am Leben, würde er die mikroskopische Anatomie rundweg verurteilen, denn die Anatomie der kleinen und kleinsten Teile sei nutzlose Anatomie. Medizin beruhe auf Erfahrungen im Heilen von Erkrankungen, die Wirkung der Medizin bleibe dagegen verborgen. Dabei helfe die nützliche Anatomie, also das Wissen um Gestalt, Lage und Anordnung der ganzen Organe. Im übrigen hätten auch die mikroskopischen Beobachtungen kaum Erkenntnisse darüber gebracht, wie die Organe funktionierten. Er gestehe wohl zu, daß die mikroskopische Anatomie zu Erkenntnissen in Naturgeschichte und Philosophie führe, aber nicht in der Medizin. Mit anderen Worten: Philosophieren sei eine Sache, eine andere sei das Heilen.

Die Kritik muß Malpighi schwer getroffen haben, sie verbitterte ihn, obwohl seine Werke in Padua, Leiden, Paris und Jena gedruckt wurden. Einigen Anatomen gelang es nicht, seine Beobachtungen zu wiederholen, andere deuteten sie anders. Und jetzt noch der Vorwurf, seine anatomischen Beobachtungen hätten keine Bedeutung für die Heilung von Krankheiten. In seiner posthum veröffentlichten Replik verteidigte Malpighi die mikroskopische Anatomie. Die „Maschinen der Natur" beständen notwendigerweise aus extrem kleinen Teilen, die zu einem wunderbaren Organ angeordnet und ohne ein Mikroskop nicht zu sehen seien. Im übrigen habe die Anatomie schon oft gezeigt, daß alte Heilmethoden zu unterlassen und neue auszuprobieren seien. Der Streit zwischen Vertretern der alten Medizin und der neuen Anatomie offenbart das Dilemma der Anatomie im 17. Jahrhundert: Die Anatomie hatte die alte Medizin bereits unterminiert, ohne sie durch eine neue Heilkunst abzulösen. In der Folgezeit wurde sie zum Fundament für Forschungsprogramme in Medizin und Biologie. Der Wissenschaftshistoriker Domenico Bertoloni Meli meint, Malpighi habe in seinen späten Jahren auch die Schwierigkeiten erkannt, die sich ergaben, wenn man die mechanistische Philosophie auf die Anatomie übertrug. Angesichts dieser Schwierigkeiten stellte sich die anatomische Forschung gewissermaßen als das Ausloten einer Tiefsee heraus.

1691 bestellte der Papst Malpighi zu seinem Leibarzt. Der Pontifex litt wie er unter Nierensteinen. Im Oktober übersiedelten die Malpighi mit Hausmädchen und Diener nach Rom. Er mache sich keine Sorgen über den Tod, soll er gesagt haben, der Schlag werde ihn eines Tages treffen, wenn er es am wenigsten erwarte, „mit den Stiefeln an den Füßen". So sollte es kommen. Am 29. November 1694 starb Malpighi an einem Schlaganfall. 30 Stunden später obduzierten Freunde in einer Kirche seinen Leichnam. Sie fanden ein Blutgerinnsel im Gehirn und beschrieben es nach allen Regeln der Anatomie. Malpighis sterbliche Überreste wurden in Bologna bestattet.

*„Sie verspotten mich, daß ich in dem Land
etwas anderes suche als Zucker."*

## Maria Sibylla Merian (1647–1717)

Im Juni 1699 gehen in Amsterdam zwei Frau an Bord eines
Kauffahrteiseglers. Zielhafen ist Paramaribo in der niederländischen Kolonie Surinam (Niederländisch Guyana) an der Nord-
ostküste Südamerikas. Die beiden fallen schon allein dadurch auf,
daß sie keinen männlichen Begleitschutz haben. Zudem ist eine
von ihnen schon recht alt für eine strapaziöse dreimonatige
Schiffsreise und das anstrengende Leben im Dschungel. Ein un-
menschliches Klima wird sie erwarten, lebensgefährliche Krankheiten werden ihnen auflauern. Doch am ungewöhnlichsten ist:
Diese Frauen reisen nicht etwa im Auftrag eines Fürsten, sie reisen aus eigenem Antrieb. Die Ältere ist Künstlerin und Naturforscherin. Sie will das Leben tropischer Schmetterlinge erforschen
und zeichnen. Und die andere, ihre Tochter, will diese Kunst bei
ihr erlernen.

Die Vorbereitungen auf die Reise haben acht Jahre gedauert,
zum Schluß hat die Mutter ihr Testament gemacht. Zur Finanzie-
rung hat sie ihre große Bildersammlung mit Früchte-, Pflanzen-
und Insektenmotiven sowie eine Sammlung präparierter Insekten
verkauft. Von Surinam hat sie in der religiösen Labadistengemeinde auf Schloß Waltha gehört, wo sie mit ihren zwei Töchtern vor
Jahren gelebt hat.

Maria Sibylla Merian, die seit dem Alter von 13 Jahren Insekten
beobachtet und erforscht, hat außergewöhnlich schöne Schmetterlinge aus Südamerika gesehen. Wie sehen die Raupen dieser
Schmetterlinge aus, auf welchen Futterpflanzen leben sie, wie
sehen die Dattelkerne – so nennt sie die Puppen – aus, und
spinnen die Raupen Kokons? Die Künstlerin, die sich mit den
prächtigen Tafeln im Buch *Der Raupen wunderbare Verwandelung und sonderbare Blumennahrung* einen Namen gemacht hat,
will all dies mit eigenen Augen sehen. Und sie möchte gern, so

*Maria Sibylla Merian, Gemälde eines unbekannten niederländischen Meisters, 1679*

Gott will und sie zurückkehren läßt, von all dem Kupferstiche anfertigen.

Schwere See macht sie acht Tage krank, dann kommt ein Sturm auf, der mächtig an Masten und Nerven zerrt. Erst vor Madeira, dem letzten Ankerplatz, beruhigt sich die See. Auf Höhe der Kanaren brennt die Sonne, und bald erscheint am Nachthimmel das Kreuz des Südens. Endlich taucht die Küste von Surinam auf, Mangroven stehen mit ihren Wurzeln wie tausendfüßige Spinnen im Wasser.

„Die Schlammassen, die der brasilianische Amazonas ins Meer gewälzt hat, schwemmen Meeresströmungen an die Küste. Das Wasser schimmert ockerfarben. Die Festung Seeland grüßt die beiden Frauen, als das holländische Segelschiff nach fast dreimonatiger Reise die Mündung des Flusses Suriname passiert, der dem Land seinen Namen gab. Die Regenzeit geht gerade zu Ende, und es ist grün, heiß und feucht im niederländischen Teil von Guyana. Der indianische Name bedeutet ‚Land ohne Namen‘ oder ‚Göttliches Land‘. Rund zwanzig Kilometer stromaufwärts liegt die Hauptstadt Paramaribo. Hinter dem Hafen drängen sich bunte und weiße Holzhäuser, in die staubige Straßen ein wenig europäische Ordnung bringen. Noch heute erinnert das Zentrum des tropischen Paramaribo Reisende an eine niederländische Stadt." So beschreibt Charlotte Kerner die Ankunft.

Holland hatte im Jahr 1667 Surinam von England erhalten im Tausch gegen Neu-Amsterdam am Hudson River, das heutige New York. Zucker ist das einzige Exportprodukt. An den Ufern des Suriname und der anderen Flüsse liegen etwa 200 Zuckerrohrplantagen und vereinzelte Zuckerrohrmühlen und Siedehäuser. Sklaven aus Westafrika, die auf der vorgelagerten Insel Curaçao gehandelt werden, vermehren den Reichtum der Plantagenbesitzer. Sie werden unmenschlich behandelt und äußerst grausam bestraft. Die Indios gelten als primitiv, barbarisch, faul und feindselig. Verwaltet wird Surinam von der Stadt Amsterdam, der Westindischen Handelskompanie und den Erben des Gouverneurs Cornelis van Sommelsdijk. Van Sommelsdijk besaß zeitweilig zwei Drittel des Territoriums von Surinam. Neben den Indianerstämmen leben hier ungefähr 8000 Westafrikaner, 600 niederländische Protestanten, 300 portugiesische und einige deutsche Juden, Hugenotten und Engländer.

In dieses Land kommen zwei europäische Frauen mit merkwürdigen Absichten und nichts in der Hand außer einem Empfehlungsschreiben des Bürgermeisters von Amsterdam. Sie beziehen ein Holzhaus in Paramaribo und beginnen sofort mit Beobachtungen und Sammeln. Indios und Schwarze helfen ihnen und schenken ihnen ihre Fundstücke. Die Weißen schütteln den Kopf und machen sich lustig, „… ja sie verspotten mich, daß ich in dem Land etwas anderes suche als Zucker", schreibt Maria Merian in einem Brief. Sie und ihre Tochter sammeln Raupen, Puppen, Insekten und Frösche, Echsen und Schlangen. Im Dickicht des Dschungels stellen sie ihre Staffeleien auf und zeichnen nach der Natur. Sie lernen, daß sie Futterpflanzen für die Raupen daheim mit Wurzeln ausgraben müssen, weil sie sonst schnell verwelken und nicht mehr gefressen werden. Sie lernen die sonderbarsten und großartigsten Orchideen kennen, die größten Käfer der Welt und die unangenehmsten Insekten, die Kakerlaken, vor denen in diesem Klima nichts sicher ist. Ihr Haus entwickelt sich zu einem Magazin und Zuchtlabor. Merian sieht große seidenblaue Morpho-Falter und bizarre Kerbtiere. Einmal bringen ihr Indios eine Schachtel nach Hause. Als sie sie öffnet, springen Laternenträger heraus, Zikaden mit einer bunten, auffällig verlängerten Stirn. Sie verstecken sich im Haus und beginnen sofort ihr Zirpkonzert. Sie fragt die Einheimischen nach den Namen und Eigenschaften der Bäume und Pflanzen. Mutter und Tochter essen Bananen, Ananas, süße Kartoffeln, schwarze Bohnen, Brot aus Cassava-Wurzeln. Merian meint, man könne auch andere Pflanzen hier anbauen, z.B. Vanille oder Wein, der aus Europa eingeschifft wird. Wiederholt tritt sie für eine bessere Behandlung der Sklaven ein. Sie hat Verständnis für Sklavinnen, die Samen der Pfauenblume essen und damit abtreiben, um ihren Kindern ein Leben in Gefangenschaft zu ersparen.

Im April 1700 lassen sie sich von Indios auf dem Suriname 65 Kilometer stromaufwärts zur Farm Providentia schippern. Die Plantage wurde in den 80er Jahren von Labadisten bewirtschaftet; jetzt leben die Schwestern des Cornelis van Sommelsdijk dort. Im Frühjahr 1701 erkrankt Merian schwer an Malaria und fühlt sich dem Tode nah. Im Juni besteigen die Frauen einen Segler nach Amsterdam, im Gepäck zahlreiche Zeichnungen und Malereien auf Pergament, präparierte Schmetterlinge, Krokodile, Leguane, Schlangen, Schildkröten, getrocknete Pflanzen und die Eier einer blauen Eidechse. Und im fiebrigen Kopf trägt Maria Sibylla Merian die Idee für ein großes Werk, sollte sie lebend in Amsterdam ankommen und wieder gesund werden.

Geboren am 2. April 1647 in Frankfurt am Main wuchs Maria Sibylla Merian in einer gebildeten und künstlerischen Handwerkerfamilie auf. Der Vater Matthäus Merian der Ältere, ein gelernter Zeichner und Radierer, war durch die Eheschließung mit seiner ersten Frau Maria Magdalena de Bry in den Besitz eines Verlages gekommen. 1624 ließen sich die Merians in Frankfurt nieder, und es gelang ihnen trotz der Wirren des Dreißigjährigen Krieges, dem Verlag einen glänzenden Namen zu verschaffen. Die Produktion umfaßte Geographie, Theologie, Medizin sowie Pflanzendarstellungen und naturgeschichtliche Werke. Nach dem Tod seiner Frau heiratete Matthäus Merian Johanna Sibylla Heimy. Sie soll in Geldsachen klug, lebenstüchtig und streng gewesen sein. Für Kunst allerdings hatte sie nichts übrig. Aus dieser zweiten Ehe des Vaters ging Maria Sibylla hervor.

Maria Sibylla war drei Jahre alt, als ihr Vater starb. Im Jahr darauf heiratete die Mutter den holländischen Stillebenmaler, Blumen- und Bilderhändler Jacob Marrel. Ein Glücksfall für die Tochter, die in der Malerwerkstatt zwischen Staffeleien, Kupferplatten und Farbtöpfen aufwuchs. Bei ihrem Stiefvater und dessen Lehrlingen und Gesellen lernte sie das Handwerk. Merian gehörte zu den letzten Frauen, die noch nach mittelalterlicher Tradition das Familienhandwerk in der väterlichen Werkstatt erlernen durften. Im Mittelalter waren selbständige Kauffrauen durchaus angesehen. Witwen, die den Betrieb des Mannes weiterführten, wurden von den Zünften aufgenommen. Beruftstätige Frauen in Küche und Kontor waren geduldet. Erst unter dem Einfluß von Martin Luther änderte sich das Frauenideal: Die Arbeit war der Lebensinhalt des Mannes, die Frau dagegen hatte sich in der Ehe, im Gebären und in der Aufzucht von Kindern zu verwirklichen und sich dem Mann unterzuordnen.

Diese Rollenverteilung wurde im 18. Jahrhundert zum bürgerlichen Leitbild. Merian lernte Lesen, Schreiben, Rechnen und die Bibel – aber kein Latein. Dadurch war ihr der Zugang zu den wissenschaftlichen Schriften versperrt. Bei Jacob Marrel und seinem Schüler Abraham Mignon lernte sie alle Techniken: das Zubereiten der Farben, Zeichnen, Aquarellieren, Malen in Öl, Kupferstechen, Drucken. Bald richtete sich das Mädchen auf dem Dachboden heimlich seine eigene kleine Werkstatt ein. Die Blumen- und Insektenstilleben von Georg Flegel, bei dem Jacob Marrel gelernt hatte, beeindruckten das Kind. Und die typischen ovalen Miniaturbilder von Insekten von Joris Hoefnagel inspirierten sie. Später würde auch sie einige Bilder in diesem Format malen. Und dann waren da die 2859 Illustrationen ihres Vaters für eine fünfbändige

Naturgeschichte: Pferde, Kamele, Einhörner, Löwen, Fische, Krebse, Schlangen, Drachen, Bienen, Käfer und Schmetterlinge. Eine Augenweide gewiß, doch die Tiere erschienen aufgereiht und leblos wie die Stücke einer Steinesammlung und präsentiert ohne ein Element ihrer natürlichen Umwelt. Merian würde diese Darstellungsform bald weit hinter sich lassen und „nach dem Leben malen".

Ende des 16. Jahrhunderts hatten niederländische religiöse Flüchtlinge die Seidenspinnerzucht und den Seidenhandel in Frankfurt eingeführt. 3000 Meter lang ist der Faden, den eine Seidenspinnerraupe spinnt, in den sie sich als einen Kokon einhüllt, und damit gut geeignet für eine industrielle Seidenproduktion. Mit 13 Jahren hatte Maria Sibylla Merian ein Schlüsselerlebnis: Als sie in einer Zucht Seidenraupen und deren gelbe Kokons sah, nahm sie ein paar Raupen mit nach Hause. Sie fütterte sie mit Maulbeerblättern, die Raupen sponnen sich ein, und eines Tages sprengten große Falter die Kapsel. Das Erstaunen über diese Metamorphose dauerte ihr ganzes Leben an. „Ich habe mich von Jugend an mit der Erforschung der Insekten beschäftigt", schrieb sie 1705. „Zunächst begann ich mit den Seidenraupen in meiner Geburtsstadt Frankfurt. Danach stellte ich fest, daß sich aus anderen Raupen viel schönere Tagfalter und Eulenfalter entwickelten als aus den Seidenraupen."

Als die 13jährige die Verwandlung der Seidenraupe sah, ließ sie die Frage nicht mehr los, wie es um all die anderen Raupen und „Würmer" in der Natur bestellt war. Sie begann sie zu sammeln, um die Lebensgeschichte der Tiere aufzuklären, hielt sie in Gläsern und Schachteln und präparierte die Schmetterlinge. Schon früh ging sie ihren eigenen, oft einsamen Weg. „Ich entzog mich deshalb aller menschlichen Gesellschaft", schrieb sie, „und beschäftigte mich mit diesen Untersuchungen." In ihrem Raupenbuch wird sie später schreiben, daß nach der bekannten Verwandlung des Seidenwurms fast alle Verwandlungen und Veränderungen der Würmer, Raupen und Maden zu verstehen seien.

Die Metamorphose des Seidenspinners beschrieb Marcello Malpighi in seiner berühmten anatomischen Studie aus dem Jahr 1669. Doch das Wissen war noch nicht verbreitet, und zudem war noch völlig unbekannt, daß alle Raupen und die großen Ordnungen der Insekten eine vollkommene Metamorphose durchlaufen.

Bevor Merian sich der künstlerischen Darstellung der Lebensgeschichte von Insekten verschrieb, begann sie, hierin noch der Tradition verhaftet, mit Blumenmalerei.

Mit 18 Jahren heiratete sie den Architekturmaler Johann Andreas Graff, der bei ihrem Stiefvater gelernt hatte. Die Ehe mit einem Maler sollte es ihr erlauben, weiterhin ihren Beruf auszuüben. 1668 entband sie ihre erste Tochter Johanna Helena und 1678 Dorothea Maria. Im Jahr 1670 zog die junge Familie nach Nürnberg, in Graffs Geburtsstadt. Während ihr Mann Städtebilder malte und als Verleger firmierte, versuchte sie sich in gleich mehreren Berufen: Mutter und Hausfrau, Malerin und Kupferstecherin, Lehrerin, Naturforscherin, Autorin und Kauffrau. Sie gründete die von ihr so genannte „Jungfern-Combanny" und unterrichtete die Frauen in Zeichnen, Malen und Sticken. Daneben handelte sie im kleinen Umfang mit Farben, Mal- und Stickutensilien und belieferte damit ihren Schülerinnenkreis. Einige Farben stellte sie selbst her.

Schließlich lernte sie Latein – die damalige Herrschaftssprache – und brachte ihr Blumenbuch heraus, aus künstlerischem, naturkundlichem und kommerziellem Interesse. Beliebte Blumenmotive waren auch als Vorlagen zum Sticken gefragt. Jede der drei Folgen des Blumenbuches enthielt 12 Tafeln, die, ganz nach dem Geschmack der Zeit, Blumen, Blumengebinde und einen Blumenkranz zeigten. Narzisse, Schlüsselblume, Hyazinthe, Türkenbund, Rose, Lilie, Kaiserkrone und Tulpe. Am wenigsten gelungen, schreibt Charlotte Kerner, seien die dicken Blumensträuße in dickbauchigen chinesischen Vasen. Hier stimmten die Perspektiven nicht. Merian war es nicht erlaubt, kommerziell in Öl zu malen. Nach der Nürnberger Maler-Ordnung von 1596, die bis ins 18. Jahrhundert galt, waren Ölstilleben und botanische Illustrationen in Öl Männern vorbehalten. Frauen war es lediglich erlaubt, auf Pergament und Textilien mit Aquarell- und Deckfarben zu malen.

Noch bevor der dritte Teil des Blumenbuches herauskam, fand Merian zu ihrem eigentlichen Thema. Der erste Band des Raupenbuches erschien. Solche Bilder hatte man noch nicht gesehen. Eine gelbschwarz geringelte Raupe, der Streckfuß, unter einem Pflaumenzweig. Auf einem Pflaumenblatt ein Eigelege, auf einem anderen die Puppe im geöffneten Kokon und über dem Zweig der bläulich-weiß gescheckte Falter. Raupen und Puppen und Eigelege des Kleinen Nachtpfauenauges und Johannisbeer-Breitwicklers auf einem Süßkirschenzweig. Schwarze Süße Kirschenblüte mit den Stadien des Maikäfers, dem Engerling und der Puppe am Boden und dem fressenden Käfer auf einem Blatt. Auf einer Brennessel eine Raupe, unter einem Blatt hängt eine Stürzpuppe, und aus der Puppenhülle schlüpft ein Tagpfauenauge. Auch komplizierte Zusammenhänge stellte sie dar, z.B. einen Ausschnitt aus der Lebensgemeinschaft eines Birnenzweiges. Die Raupe des Großen Fuchses frißt an den Blättern, während die kleine Raupe der Obstbaumgespinstmotte Birnenblüten zusammenspinnt. Aus der Puppe des Großen Fuchses schlüpfen kleine weiße Larven. Die Puppen dieser Parasiten sind dargestellt und kleine metallisch schimmernde Erzwespen, die aus ihnen schlüpfen.

Beeindruckend war gleich das Titelblatt. Ein Kranz aus Maulbeerzweigen mit Blüten und Blättern umrahmte den Titel: *Der Raupen wunderbare Verwandelung und sonderbare Blumennahrung*. Einige Blätter waren angefressen, Seidenraupen krümmten sich darauf, auf zwei Blättern sah man Eigelege. Zwei Motten flatterten umher, ein roter Käfer krabbelte auf einem Blatt. Ungewohnt schön wirkte das Ungeziefer, so wie die Künstlerin es präsentierte. In den einleitenden Worten kündigte sie gleich ihre Erfindung an. Sie habe den Ursprung, die Speisen und die Veränderungen der Würmer, Raupen, Sommervögelein (Tagfalter), Motten, Fliegen und anderer Tiere fünf Jahre untersucht, beschrieben und „nach dem Leben abgemahlt ins Kupfer gestochen".

Maria Sibylla Merian hatte damit das Metamorphosenbild geschaffen. 50 Bildtafeln auf Büttenpapier gedruckt, im Quartformat, etwa DIN A5, in Leder gebunden. Die Raupen, Puppen und Falter auf ihren Pflanzen lebten! Und vor allem erzählten die Bilder eine Geschichte. Daß die Raupen und Würmer aus Eiern ihrer Art entstanden, daß sie auf bestimmten Pflanzen lebten, deren Blätter fraßen, heranwuchsen, sich in eine dattelkernähnliche Puppe verwandelten. Es gab Gürtelpuppen, an einem Faden angeseilt, Stürzpuppen, die kopfüber fest verankert waren, Puppen in Kokons sowie Mumienpuppen in der Erde. Und im Innern des Dattelkerns passierte etwas Erstaunliches. Die Puppe verwandelte sich in einen Schmetterling. Viele Würmer waren in Wirklichkeit Larven. Aus ihnen gingen Falter, Käfer oder Fliegen hervor.

Das Raupenbuch war eine populäre Naturgeschichte. Merian besaß den Mut, es in deutscher Sprache abzufassen und neben die gelehrten Bücher in lateinischer Sprache zu stellen. Es erschien in drei Teilen mit jeweils 50 Tafeln und begleitenden Texten 1679 in Nürnberg, 1683 in Frankfurt am Main und posthum 1717 in Amsterdam.

Das Metamorphosenbild nahm einen eigenen Platz zwischen Insektenstilleben und vergleichend-systematischen Darstellungen ein. Die Bilder des berühmten niederländischen Künstlers und Insektenforschers Johannes Goedaert von der Metamorphose wirkten absolut leblos neben denen der Merian, waren schematisch und zeigten nur selten die Nahrungspflanze. Mit dem Kupferstichwerk des Raupenbuchs, schreibt der Merianforscher Kurt Wettengl, trat Merian als wissenschaftlich tätige Künstlerin und künstlerisch gestaltende Entomologin hervor. Sie gilt mit Recht als Begründerin der Insektenkunde (Entomologie) in Deutschland. Dabei sei ihr Werk nicht nur künstlerisch und wissenschaftlich zu verstehen, sondern auch religiös. Wettengl meint, das Raupenbuch könne auch als protestantisches Andachtsbuch verstanden werden, in dem die protestantische Naturwahrnehmung der Zeit zum Ausdruck komme.

In ihrer populären Naturgeschichte zeigte Merian, daß Larven aus Eiern entstanden. Den Zyklus Raupe, Puppe, Schmetterling ergänzte sie auf zahlreichen Bildern mit einem Eigelege. So räumte sie mit der mittelalterlichen Vorstellung einer spontanen Urzeugung auf. Noch bis ins 17. Jahrhundert hinein war selbst unter Naturforschern die Überzeugung verbreitet, kleine Tiere wie Würmer, Raupen, Mücken und Fliegen entstünden spontan aus unbelebter Materie durch Fäulnis oder Gärung oder durch die Einwirkung irgendwelcher Kräfte. Diese Ansicht ging auf Aristoteles zurück, der meinte, durch die Zersetzung von Schlamm, Mist, Kadavern, Pflanzenresten oder Exkrementen entstehe Lebenswärme, die zusammen mit den stofflichen Bestandteilen den Keim für neues Leben von Pflanzen, Insekten, Schaltieren und Fischen bilde.

In modifizierter Form wurde die Urzeugungstheorie sogar noch im 19. Jahrhundert vertreten. Ernsthafte Zweifel an der Theorie brachte Robert Hooke vor, einer der frühen Mikroskopierer, der bereits Milben unter dem Mikroskop beobachtete.

Ganz entschieden wandte sich der holländische Mikroskopierer Antoni van Leeuwenhoek gegen die Theorie der Urzeugung. Er hatte den Lebenszyklus des Kornkäfers, der Kornmotte und anderer Insekten untersucht und kam zum Ergebnis, daß sie aus Würmern (Larven) entstehen. Elegant und auf moderne Art und Weise – nämlich durch Experimente – widerlegte der italienische Arzt und Forscher Francesco Redi im Jahr 1668 die Urzeugung. Er tötete drei Schlangen und legte sie in eine offene Kiste, um zu beobachten, welche Fliegen aus den Kadavern entstünden. Er beobachtete zahlreiche Würmer ohne Beine (Maden), die das Aas verzehrten und dann verschwanden. Um zu erfahren, was aus den Würmern wurde, wiederholte er das Experiment und verschloß jetzt die Kiste. Nun beobachtete er, wie die Würmer am 19. Tag schrumpften und die Form von Eiern (heute: Tönnchenpuppen) annahmen. Er hielt sie in Gläsern, und am 8. Tag brach eine grüne Fliege die Puppenhülle auf. Dann hielt er Kadaver in einer offenen und zum Vergleich in einer geschlossenen Kiste. Nur in der offenen Kiste entstanden Würmer, nur in ihr hatten zuvor Fliegen ihre Eier abgelegt. Es ist nicht bekannt, ob Merian von Redis Experimenten wußte oder ob sie unabhängig von ihm über die Urzeugung aufklärte. Sie vertrat jedenfalls in verständlichen Bildern und Texten in deutscher Sprache die These Francesco Redis, alles Leben stamme aus einem Ei (omne vivum ex ovo).

Mit einer weiteren landläufigen Vorstellung räumte sie auf. Weit verbreitet waren noch mittelalterliche Ansichten, daß Insekten, insbesondere in großer Zahl, Vorboten einer Gottesstrafe seien oder sogar Teufelsbrut. Im Mittelalter bis in die frühe Neuzeit führte mancherorts die katholische Kirche rituellen Exorzismus des Ungeziefers durch, um eine drohende Plage abzuwenden. Merian gab mit ihrer Naturforschung und ihrem künstlerischen Schaffen, ja mit ihrem Leben, Zeugnis ab von einer ganz anderen Bedeutung der Kleinlebewesen: Wenn sie im Boden nach Larven und Puppen grub, dann sah sie in den mißachteten und verhaßten Würmern wunderbare Kreaturen Gottes. Und der schlagende Beweis, der Fingerzeig Gottes dafür, daß Würmer eine Würde hatten und zu achten waren, lag darin, daß sie sich in die schönsten Schmetterlinge verwandelten. Schmetterlinge besaßen seit jeher eine fast magische Symbolkraft. Nach antiken Vorstellungen symbolisierten sie die unsterbliche Seele. War diese Vorstellung jetzt nicht durch Merians Beobachtungen und Bilder auf wundervolle Weise bestätigt worden? War nicht jeder Schmetterling in seinem früheren Leben eine Raupe gewesen, die sterben mußte, damit der Falter sich wie die Seele aus der sterblichen Hülle befreien konnte? Unverkennbar spielten der Glaube an ein Weiterleben nach dem Tod und die christliche Vorstellung von der Auferstehung der Toten eine Rolle. Aber selbst ungeachtet dieser Symbolik besaßen Larven eine ihnen eigene, herbe Schönheit, die Merian in ihren Bildern zeigte.

Nach dem Tod ihres Stiefvaters Jacob Marrel 1681 zogen Merian und die zwei Töchter von Nürnberg zur Mutter nach Frankfurt. Johann Andreas Graff folgte später nach und pendelte zeitweilig zwischen den Städten. Ihre Ehe kriselte bereits, und Merian führte ein von ihm unabhängiges Leben. Sie setzte ihre Beobachtungen und Forschungen fort und fertigte die Platten für den zweiten Band des Raupenbuchs, der 1683 erschien. Spätestens 1686 zog sie mit ihren beiden Töchtern und ihrer Mutter in eine Labadistengemeinde auf Schloß Waltha in Holland, wo ihr Stiefbruder Caspar bereits lebte. Die Kommune, die aus rund 350 Franzosen, Holländern und Deutschen bestand, versorgte sich weitgehend selbst, bestellte die Felder, braute Bier und betrieb verschiedene Handwerke. Der Eintritt in die Gemeinschaft war für die Merians ein großer Schritt. Die Frauen trennten sich von Privatbesitz, „von der Gewalt, der Hoffart und den Gelüsten der Welt" und lebten in Gemeinschaft auf dem großzügigen Anwesen des Gouverneurs von Surinam Cornelis van Sommelsdijk. Jean de Labadie hatte die pietistische Glaubensgemeinschaft gegründet. In Frankfurt hatte Philipp Jakob Spener zu einer zweiten Reformation aufgerufen, zu einer persönlichen Wiedergeburt und zu religiösen Gefühlen.

Aus religiösen Beweggründen, aber auch wegen des Bedürfnisses nach materieller Sicherheit zogen die Frauen nach Schloß Waltha. Die Gemeinschaft bot Bett und Brot, und Merian sah hier die Möglichkeit gegeben, ihre Töchter allein durchzubringen und gleichzeitig als Malerin und Forscherin leben zu können. Vielleicht spielte dabei auch eine Rolle, daß Frauen bei den Labadisten den Männern fast gleichberechtigt waren und alleinstehende Frauen genauso angesehen waren wie verheiratete. Ehen wurden nur zwischen Gemeindemitgliedern anerkannt. Johann Andreas

Graff, der nach Schloß Waltha reiste, um Frau und Töchter zur Rückkehr nach Nürnberg zu bewegen, mußte jedenfalls wieder allein abreisen, das Paar war endgültig getrennt.

Auf Schloß Waltha begann Merian ihr Journal aus kleinformatigen Insektenbildern und Beschreibungen, das nach ihrem Tod als Studienbuch bekannt wurde. Sammlungen tropischer Schmetterlinge und Insekten faszinierten sie. Hier reifte ihr Entschluß, nach Surinam zu reisen.

1691, als die Labadistengemeinde schon bröckelte, siedelten die Frauen nach Amsterdam über. Wirtschaft, Handel, Kunst und Wissenschaft blühten in der holländischen Weltstadt. Merian lernte den Botaniker Caspar Commelin kennen, der später die Pflanzen aus Surinam bestimmte. Sie machte Bekanntschaft mit Antoni van Leeuwenhoek und sah durch dessen selbstgebautes Mikroskop. Sie lernte weiterhin Latein und las das neue Werk des Entomologen Jan Swammerdam. Für ihren Unterhalt handelte sie mit Farben, präparierte Insekten und verkaufte eigene Aquarelle. Ihre ältere Tochter verdiente mit eigenen Malaufträgen dazu. Alles lief auf die große Surinamreise hinaus.

Nach den beiden Jahren in der niederländischen Kolonie lebte sie mit Tochter Dorothea Maria und deren Mann in Amsterdam. Sie plante, die Falter möglichst lebensgroß und auf bestem Papier abzubilden, um dann Kupferplatten zu stechen, die größer waren als im Raupenbuch. 60 Tafeln in Großfolio von ungefähr 70 mal 50 Zentimeter sollten es werden. Sie wußte, wie teuer die Kupferplatten waren und wieviel Arbeit so große Stiche machten. Zunächst brauchte sie Geld für die Produktion im Eigenverlag. Daher verkaufte sie präparierte Tiere aus Surinam. Dann begannen die eigentlichen Arbeiten. Sie malte Aquarelle als Vorlagen für die Kupferstiche nach mitgebrachten Zeichnungen oder nach präparierten Tieren. Sie schrieb über eigene Beobachtungen und über Dinge, die sie von den Einheimischen erfahren hatte. Bald wurde ihr klar, daß sie 60 Platten nicht bewältigen konnte. Daher beauftragte sie zwei Amsterdamer Meister damit, nach ihren Vorlagen Platten zu stechen. Dadurch geriet sie in Geldnöte. Um ihr Projekt nicht zu gefährden, mußte sie selbst eine Auftragsarbeit annehmen. Sie zeichnete Muscheln, Schnecken, Mineralien, Versteinerungen und Insekten für ein Naturalienkabinett, die *D'Amboinsche Rariteitkamer*, auf 54 großen Pergamenten. Bei dieser Auftragsarbeit mußte sie nach der wissenschaftlich-systematischen Methode die Objekte nebeneinander vergleichend darstellen. So wirkten sie leblos und statisch. Entwicklung und Futterpflanzen hatten hier nichts zu suchen.

Endlich, Anfang 1705, waren alle 60 Platten fertig. Meisterhaft kolorierte sie die Drucke. *Metamorphosis Insectorum Surinamensium*, ihr Lebenswerk, das sich von der Seidenraupe ihrer Kindheit bis zur unbekannten Dschungelblüte aus Surinam spannte, die sie auf der 60. Tafel zusammen mit dem prächtigen, tiefblauen Caligofalter zeigte.

Wie in ihrem Raupenbuch, in welchem sie erstmalig das Metamorphosenbild eingeführt hatte, zeigte sie auch im Surinambuch den Zyklus des Entstehens und Werdens in Abhängigkeit von den Pflanzen. Anders als ihre Zeitgenossen präsentierte Merian die Kerbtiere nicht wie tote Chitinpanzer, sondern zeigte deren Eier, Raupen, Futterpflanzen, Puppen und die erwachsenen Insekten. Pflanzen bildeten das Rückgrat des Bildes. Sie waren die natürliche Umwelt der Tiere. Ins Zentrum jedes Bildes rückte sie die Futterpflanze, die verschiedenen Entwicklungsstadien der Insekten arrangierte sie auf oder unter ihren Blättern oder Zweigen. Falter, Käfer und Raupen beherrschten die Szene, sie waren meist vergrößert und geschickt plaziert. Ihre Insekten bildete sie so naturgetreu ab, daß Spezialisten heute noch bei zwei Dritteln die Gattung und bei mehr als der Hälfte die Art sicher bestimmen können. Auf einem Korallenbaum mit orangefarbenen Blütentrauben finden sich die leuchtend gelben Raupen des Augenspinners, seine Puppe und der Falter. Gelbe Mombinpflaume und Blaufee, Wunderbaum (Palma Christi), Wunderpapillon und Großer Sackträger, so heißen weitere Tafeln des Werkes, oder Granatblüte mit Laternenträgern, einem Nachtwanderer und einer Leiermannzikade, Baumwollblatt-Jatropha, Mimikryfalter und Antaeusschwärmer. Die größten Insekten der Erde, Riesenbockkäfer (Titanus giganteus) und Herkuleskäfer (Dynastes hercules) porträtierte sie zusammen. Den bunten Harlekinbock gesellte sie zu einer Zitrusfrucht.

In Einzelfällen, wie im letztgenannten, machte sie von ihrer künstlerischen Freiheit Gebrauch und brachte Insekten mit Pflanzen zusammen, die nicht zusammen gehören. In allen anderen Fällen zeigte sie die Tiere auf ihren Futterpflanzen. Die Gelehrten interessierten sich noch nicht für die Nahrungspflanze einer Spezies oder für deren Bindungen an die Umwelt. Es war die Zeit der Klassifikatoren und Systematiker, die die Vielfalt katalogisierten und die Formen verglichen. Zwei unterschiedliche Haltungen gegenüber der Natur werden deutlich: hier die Künstlerin und Naturforscherin Merian, die das einzelne, abhängige Lebewesen in den Blick nahm und zum Kunstwerk erhob und dort die Klassifikatoren, die die Naturdinge in ein Ordnungssystem brachten, um sie sich anzueignen.

Das Erscheinen des dritten Bandes ihres Raupenbuchs erlebte sie nicht mehr. Am 13. Januar 1717 starb sie. Sie erhielt ein Armenbegräbnis auf dem Amsterdamer Kerkhof.

Noch an ihrem Todestag stellte sich endlich auch ein finanzieller Erfolg ein: Der russische Zar Peter der Große bezahlte 3000 holländische Gulden für eine Sammlung mit Pergamentmalereien, die sein Leibarzt erwarb. Zudem erstand der Leibarzt für sich selbst das Studienbuch. Im Jahr 1736 kaufte die vom Zaren gegründete Akademie in St. Petersburg noch 30 Aquarelle hinzu. Ein Teil ihres Werkes gelangte in das British Museum und in die Royal Library nach Windsor Castle. Dorothea Maria verkaufte die Kupferplatten und Texte des Blumenbuchs, der Raupenbücher und der *Metamorphosis* an einen Amsterdamer Verleger, der die Bücher noch einmal herausbrachte. Eine letzte Ausgabe des Raupenbuchs und der *Metamorphosis* erschien 1771 in Paris. In der zweiten Hälfte des 20. Jahrhunderts schließlich lebte Merian in Studien, Ausstellungen und Romanen auf.

Kunst und Natur sind beide auf eigene Weise schön. Sie lassen sich nicht gegeneinander ausspielen. In der Vorrede zu ihrem *Neuen Blumenbuch* drückte die Künstlerin und Naturforscherin das lyrisch aus:

„So muß Kunst und Natur stets mit einander ringen,
bis daß sie beiderseits sich selbsten so bezwingen,
damit der Sieg besteh' auf gleichen Strich und Streich:
Die überwunden wird, die überwindet zugleich."

*„Ich habe jetzt die Stellung erhalten, die ich mir
seit langem gewünscht habe."*

# Carl von Linné (1707–1778)

Der junge Mediziner Carl Linné ist sauer. An der Universität Uppsala hat der Aufsteiger Nils Rosén, der den Lehrauftrag für Anatomie erhalten hat, ihm das Lehrfach Botanik weggenommen. Der unverschämte Kerl hat ihn sogar genötigt, ihm seine Vorlesungsmanuskripte rauszurücken.

Dabei hatte für Linné alles so vielversprechend angefangen. Vor fünf Jahren, 1730 – Linné war erst im dritten Studienjahr –, hatte Professor Rudbeck ihm den Lehrauftrag für Botanik erteilt und die Aufsicht über den Botanischen Garten. Er ist bei den Studenten gut angekommen, hat Pflanzen für den Botanischen Garten besorgt und Blumen und Bräuche Lapplands erkundet. Nils Rosén besitzt ihm gegenüber einen großen Vorteil. Er hat in Holland, das führend in der Medizin ist, den Doktortitel erworben. In Schweden dagegen sind Doktorarbeiten in Medizin zum Erliegen gekommen. Jetzt will auch Linné mit seinem Freund Claes Sohlberg nach Holland. Doch Sohlbergs Vater, der eine größere Summe hierfür in Aussicht gestellt hatte, will nun nichts mehr davon wissen. Um ein Haar wäre in diesem Jahr auch Linnés Verlobung noch geplatzt. Im Januar hat er Sara Lisa einen Verlobungsring geschenkt und ihn am nächsten Tag von der Mutter zurückbekommen. Schließlich hat sich der Vater von Sara Lisa doch noch mit Carls längerer Auslandsreise einverstanden erklärt. Am 22. April 1735 gehen die beiden jungen Männer in Hälsingborg an Bord eines Lübecker Seglers mit 60 Silbertalern und der fertigen Doktorarbeit in der Tasche. Drei überaus erfolgreiche Jahre erwarten Linné, eine einzige Glückssträhne.

Nach einem Aufenthalt in Hamburg landen die beiden am 2. Juni 1735 in Amsterdam. Linné schäumt über vor Schwung und Eifer, noch am ersten Tag besucht er den Botanischen Garten, am Tag darauf den Botaniker Professor Burman. Nächste Station ist die eher unbedeutende Universitätsstadt Harderwijk. Hier will er seinen Doktor machen, weil dies hier schnell geht und billig ist. Nach bestandener Kandidatenprüfung erteilt der Rektor ihm die Druckerlaubnis für die Dissertation über eine neue Erklärung der Ursachen des Schüttelfrostes. Wenige Tage später verteidigt Linné sie feierlich auf dem barocken Disputationskatheder.

Kurz darauf landet er einen noch größeren Erfolg: In der berühmten Universitätsstadt Leiden zeigt er dem Arzt und Naturforscher Gronovius ein Manuskript, an dem er schon einige Jahre gebastelt hat. Ratsherr Gronovius ist so begeistert, daß er für die Übernahme der Druckkosten sorgen will. Ende 1735 erscheint die Schrift auf nur elf großen Folioblättern unter dem anspruchsvollen Titel *Systema Naturae*, System der Natur, wie üblich in lateinischer Sprache. Drei Reiche der Natur, kündigt das Titelblatt an, werden systematisiert in Klassen, Ordnungen, Gattungen und Arten. Es sei „ein neuer Stern am Himmel des Nordens aufgegangen", wird wenig später ein Zeitgenosse über Linné schreiben.

Drei große Blätter sind für das Reich der Steine reserviert, das sich in die Klassen der Gesteine, der Mineralien und der Fossilien gliedert. Auf vier Blättern stellt Linné das Reich der Pflanzen vor, das er in 24 Klassen und diese in Ordnungen und Gattungen unterteilt. Dabei geht er – nach neuestem Stand des Wissens – von der Sexualität der Pflanzen aus und trifft die Unterscheidungen nach Blütenbau und Fruchtbildung. Die Klassen unterscheidet er nach Anzahl, relativer Länge und Verwachsungsgrad der Staubgefäße. Die Ordnungen sind durch die Anzahl der Fruchtblätter des Fruchtknotens definiert. Jede Ordnung besteht aus Gattungen, die sich aus Arten zusammensetzen. Hierfür gibt Linné Beispiele. Das Reich der Tiere präsentiert er auf drei Blättern. Es setzt sich aus den sechs Klassen der Vierfüßer, Vögel, Amphibien, Fische, Insekten und Würmer zusammen.

Innerhalb weniger Monate hat Linné in Holland alles erreicht: Er hat seinen Doktorhut erworben, die Bekanntschaft mit namhaften Gelehrten gemacht und einen Sponsor für die Drucklegung seiner Arbeit *Systema Naturae* gefunden. Doch jetzt ist er pleite, und so beschließt er, wieder nach Schweden abzureisen. Im August wird Linné sozusagen über Nacht, auf Vorschlag von Gronovius, Vorsteher eines privaten botanischen und zoologischen

*Carl von Linné, Stahlstich, um 1850, nach einem Gemälde von Alexander Roslin*

Gartens in Hartekamp. Zwei Jahre wirkt er auf dem noblen Anwesen von George Clifford, dem Direktor der Ostindischen Handelsgesellschaft.

Der Garten ist paradiesisch: Alleen, Rabatten, Statuen, Teiche und Gewächshäuser wechseln ab mit Menagerien mit Tigern, Affen, indischen Hirschen, Ziegen und exotischen Vögeln. In beheizten Gewächshäusern wachsen Pflanzen aus warmen Ländern, darunter Bananen, Kampher- und Tulpenbäume. Linné hat eine großzügige Unterkunft, ein gutes Gehalt, eine Bibliothek und Mittel für die Anschaffung von Büchern und Pflanzen. Er lebe wie ein Prinz, sagt er, und werde geliebt wie der Sohn des Hauses. In diesen zwei Jahren in Hartekamp veröffentlicht er neben *Systema Naturae* sieben botanische Schriften, darunter *Die Gattun-*

*gen der Pflanzen* und *Der Garten von Clifford.* Im Sommer 1736 spendiert Clifford ihm eine Reise nach Chelsea, Oxford und London, wo er Botanische Gärten besichtigt und prominente Forscher trifft. Zurückgekehrt pendelt er zwischen Hartekamp und Leiden, um die Vorlesungen Herman Boerhaaves zu hören, des Medizinpapstes im 18. Jahrhundert. „Ich war immer einsam, war ständig in Gedanken, selbst im Schlaf", schreibt er später über die Zeit. Zwei Angebote des einflußreichen Boerhaave schlägt er sogar aus: Eine Forschungsreise ans Kap und nach Amerika, um Pflanzen für Botanische Gärten zu sammeln, die mit der Aussicht auf eine Professorenstelle in Leiden verbunden war, sowie die Stelle eines Doktors der Holländischen Company in Surinam.

Im Oktober 1737 verabschiedet er sich von Clifford und fährt nach Leiden. Dort macht ihm der Botanikprofessor van Royen ein gutes Angebot. Linné erhalte Unterkunft und Honorar für die Klassifizierung der Pflanzen des Botanischen Gartens nach dem neuen System. Er nimmt an und bleibt bis zum nächsten Sommer. Kurz vor Ostern 1738 alarmiert ihn eine Nachricht aus Falun. Sein bester Freund belagere seine Verlobte Sara Lisa. Er habe sie schon fast dazu gebracht, zu glauben, ihr Verlobter komme nicht mehr zurück. Linné will schon seine Sachen packen, da erkrankt er schwer und braucht Wochen zur Genesung. Vielleicht hat er ja grenzenloses Vertrauen in Sara Lisa, oder etwas anderes ist ihm im Augenblick dringender. Denn er reist mit einem Empfehlungsschreiben van Royens an Antoine de Jussieu nach Paris, wo er mit Gelehrten der Botanik zusammentrifft. Endlich, im Spätsommer 1738, schließt er in Falun seine Braut in die Arme.

Linnés Vater, der aus einer Bauernfamilie in den geistlichen Stand eines Pfarrers übertrat, durfte einen latinisierten Namen annehmen. Nach einer Linde (schwedisch: lind) am Bauernhof der Eltern nannte er sich Linnaeus. Seine Mutter Christina war die Tochter einer Pfarrersfamilie. Carl Linné wurde am 23. Mai 1707 auf dem Südhof Rashult nahe Stenbrohult in der südlichsten Provinz Schwedens geboren. Sein Vater, der einen Garten mit ausgewählten Bäumen und seltenen Blumen angelegt hatte, brachte dem vierjährigen Sohn die ersten Namen der Blumen bei. Carl sollte wie der Vater Pfarrer werden.

In der Schule zeigte er schlechte Leistungen in den Sprachen und geisteswissenschaftlichen Fächern, dagegen gute in Mathematik und Physik. Die Lehrer empfahlen eines Tages, Carl von der Schule zu nehmen und ihn ein ordentliches Handwerk lernen zu lassen. Am selben Tag mußte der Vater noch zum Arzt Johan Rothman, der zugleich Carls Lehrer in Naturkunde war. Rothman wies die Empfehlung der anderen Lehrer entschieden zurück. Carl solle unbedingt die Schule abschließen, er sei in den Naturwissenschaften außerordentlich begabt. Der Vater möge seinen Sohn auch nicht zum Theologiestudium zwingen. In der folgenden Zeit gab Rothman Linné sogar Privatstunden in Physiologie und Botanik. Ohne Rothman, meint der Linné-Biograph Heinz Goerke, wäre aus Linné ein blumenliebender Schneider oder Schuster geworden.

Viele Menschen halfen Linné auf seinem Weg. An der Universität der südschwedischen Stadt Lund gab es keinen Professor für Botanik und für Linné nicht viel zu lernen, selbst in Medizin nicht. Doch da war der Arzt und Dozent Kilian Stobaeus. Er gab dem jungen Medizinstudenten nicht nur Unterkunft. Stobaeus besaß eine gute Bibliothek mit Büchern über Pflanzen und Naturkunde. Als der hinkende und auf einem Auge blinde Mann eines Nachts Linné mit Büchern aus seiner Bibliothek erwischte, führte er tags darauf ein Gespräch mit ihm und erlaubte ihm fortan, seine Bücher zu benutzen. Sogar seine Vorlesung durfte Linné gratis besuchen, und er erhielt einen Freitisch in seinem Haus.

Nach einem Jahr, 1728, setzte Linné auf Rat von Rothman sein Studium in Uppsala fort. Zwei Professoren lehrten dort Medizin. Für Anatomie und Botanik zeichnete Olof Rudbeck verantwortlich und für theoretische und praktische Medizin Lars Roberg. Zumindest auf dem Papier, denn die Praxis sah jämmerlich aus. Es gab keinen klinischen Unterricht, kein Labor und kaum einmal Chemieunterricht. Anatomievorlesungen wurden in einer Bretterbude gehalten, Sektionen gab es nicht. Und der Botanische Garten war völlig heruntergekommen. Der 69jährige Rudbeck hatte die Lust an der Botanik verloren, nachdem im großen Feuer von 1702 das große Werk seines Vaters und eigene Schriften und Pflanzen vernichtet worden waren. Jetzt arbeitete er an einem sprachwissenschaftlichen Werk. Sein Kollege Roberg, 65 Jahre alt, hatte es längst aufgegeben, Geld für das erbärmliche Krankenhaus aufzutreiben oder sich anderweitig für die Klinik einzusetzen. Statt dessen besserte er mit Privatunterricht betuchter Studenten sein Salär auf.

Besonders zwei Personen halfen Linné weiter. Er machte die Bekanntschaft mit Olof Celsius, einem botanisch beschlagenen Theologieprofessor, der wie Stobaeus Linnés Talent erkannte und ihm Unterkunft und Verpflegung gewährte. Als 1730 Professor Rudbeck aus dem Dienst ausschied, schlug er Linné als Demonstrator (Lehrer) für Botanik vor. Das war ungewöhnlich und nicht unumstritten, da Linné erst im dritten Studienjahr war. Doch er war dem Professor durch eine Schrift über die Geschlechtlichkeit der Pflanzen aufgefallen. Schließlich setzte Rudbeck seinen Vorschlag durch.

Als Nils Rosén mit Doktorhut und vielen Erfahrungen von seiner Auslandsreise zurückkehrte, wurde er sogleich Lehrbeauftragter für Anatomie. Da der Anatomielehrer traditionell auch Botanik lehrte, versuchte er, Linné das geliebte Lehrgebiet wegzunehmen. Zunächst verhinderte dies noch Rudbeck, aber später mußte Linné schließlich doch den Lehrauftrag an seinen Konkurrenten abtreten.

Am 12. Mai 1731 brach der junge Botaniker – ausgestattet mit einem Stipendium der Sozietät der Wissenschaften – in den Norden zu einer fünfmonatigen Erkundungsreise durch Lappland auf. Er zeichnete seine Beobachtungen in einem Tagebuch auf und verfaßte eine Schrift über die Flora Lapplands. 1733 studierte er die Geologie der Provinz Dalarna und sah sich Bergwerke und Eisenhütten an. In Falun, der Stadt mit dem reichsten bekanntesten Kupfervorkommen der Erde, stieg er zahlreiche Holzleitern in ein Kupferbergwerk hinab, wo ihm vor Angst die Haare zu Berge standen und er die „die Hölle in jeder Hinsicht" sah. Kurz darauf erlebte er allerdings auch den Himmel. In der Kupferstadt lernte er die 18jährige Sara Lisa kennen, Tochter des Stadtarztes Johan Moraeus. Sie war es, mit der er leben und sterben wollte. Und von der er sich eine ansehnliche Mitgift erhoffte. In seiner Lapplandtracht machte er ihr den Hof.

Als er 1738 nach seinen akademischen Wanderjahren nach Falun zu Sara Lisa zurückgekehrt war, bot ihm sein Brieffreund, der schweizerische Arzt, Naturforscher und Dichter Albrecht von Haller, seine Stelle als Professor in Göttingen an. Jedoch kam der Brief erst nach neun Monaten an, weil ein reisender Priester seine Weiterleitung vergaß. Nach Ansicht des Linné-Biographen Wilfrid Blunt hätte Linné im Winter 1738 wahrscheinlich das Angebot angenommen – und hätte dann vermutlich in Deutschland Karriere gemacht. Statt dessen entschloß sich Linné zunächst, als Arzt in Stockholm zu praktizieren. Als die Patienten ausblieben, besuchte er die Speisehäuser, in denen Soldaten und Veteranen verkehrten. Er sprach die Männer, unter denen nicht wenige an Gonorrhoe oder Syphilis litten, persönlich an und versprach ihnen selbstbewußt, sie innerhalb von 14 Tagen zu heilen. Tatsächlich stellten sich Heilerfolge ein, und seine Praxis begann zu laufen.

Im Frühjahr machte er die Bekanntschaft mit dem einflußreichen Politiker Carl Gustav Tessin. Tessin war Führer der kriegstreiberischen und profranzösischen Partei der „Hüte", denen die pazifistischen und probritischen „Mützen" gegenüberstanden. Bald war Linné als „Leibarzt der Hüte" bekannt, der viele Parteianhänger, Adelige und Abgeordnete behandelte. Er war dabei kaum politisch motiviert als vielmehr ein Bewunderer des Wissenschaftsförderers Tessin. Als ein Vizeadmiral der schwedischen Flotte auf Linné aufmerksam wurde, erhielt er am 15. Mai 1739 die offizielle Bestallung als Admiralitätsmedicus, d.h. als Marinearzt, mit einem Jahresgehalt von 200 Silbertalern. Linné behandelte gemeinsam mit einem Chirurgen im Krankenhaus zwischen 100 und 200 Soldaten, von denen ein großer Teil an den „Franzosen" (Syphilis) litt. Und zu noch etwas verhalf ihm Tessin: zu öffentlichen Vorlesungen über Botanik und Mineralogie mit Besoldung. Im Juni feierten Linné und Sara Lisa ihre Hochzeit bei Falun.

Erneut winkte Uppsala. Nachdem Professor Rudbeck verstorben war, wurde Nils Rosén zu seinem Nachfolger berufen. Linné schrieb verärgert in einem Brief: „Dr. Nils Rosén, der nicht einmal eine Nessel kennt, hat die Stelle von Rudbeck erhalten. So geht es bei uns zu." Als auch der zweite Mediziner Professor Roberg in den Ruhestand trat, konkurrierte Linné mit dem Chemiker Wallerius um die Stelle. Wallerius hatte eine Streitschrift gegen ihn verfaßt und trug seine Thesen auf einer öffentlichen Disputation unter dem Vorsitz von Nils Rosén vor. Das Streitgespräch ging im Getrampel und Geschrei der Studenten unter, die ihre

Sympathie für Linné in den Saal riefen, Wallerius Disputations-schrift zerrissen und die Fetzen in die Luft warfen. Am Ende verwendeten sich auch einflußreiche Persönlichkeiten für Linné, und der König unterzeichnete am 5. Mai 1741 seine Ernennungs-urkunde. Obwohl feindselige Spannung zwischen den Professo-ren Rosén und Linné herrschte, taten sie den naheliegenden Schritt und richteten ein Gesuch um Tausch ihrer Lehrgebiete an den Kanzler der Universität. Der gab seine Zustimmung und ord-nete die Lehrfächer neu: Rosén wurde Leiter des akademischen Krankenhauses und lehrte Anatomie, Physiologie, Ätiologie und Chymiam pharmaceuticam; Linné wurde Vorsteher des Botani-schen Gartens und lehrte Botanik, Semiotik, Diätetik, Materia medica und allgemeine Naturgeschichte. Er war erleichtert: „Ich habe jetzt die Stellung erhalten, die ich mir seit langem gewünscht habe ...", schrieb er.

Bald ließ er das alte, verfallene Haus des Gartendirektors reno-vieren, das, da es die Bibliothek und Sammlungen beherbergte, mit einem Dachstuhl und Türen aus Eisen feuerfest gebaut war. In dieses Haus direkt am Botanischen Garten zogen er und Sara Lisa ein. Heute beherbergt es das Linné-Museum. Er erhielt Mittel für den Bau einer Orangerie und ließ einen zweiflügeligen Bau errich-ten, in dem er wärmeliebende Gewächse zog. Später ließ er in der Orangerie ein Naturwissenschaftliche Museum mit einer ansehn-lichen Tiersammlung einrichten. Er betrieb Sponsoring für die Wissenschaft, freilich auch, um seine Schriften und seinen Ruhm breit zu streuen.

Es begann damit, daß die Ostindische Kompanie auf Veranlas-sung des Grafen Tessin die Auflage erhielt, jährlich einem Studen-ten der Naturwissenschaft eine freie Reise nach China zu schen-ken. Dafür kamen nur Studenten von Linné in Betracht. Doch bald schickte er seine Apostel – wie er sie nannte – in die Welt hinaus, um seinen Ruf zu verbreiten. Sie gingen nach Spitzbergen im Norden bis zum Kapland im Süden, nach Kanada im Westen bis Japan im Osten. Zudem brachten sie wertvolle Exemplare von Pflanzen und Tieren mit für seine Sammlungen daheim. Umge-kehrt zog Linné Studenten und Gelehrte aus dem Ausland an, Dänen, Norweger, Deutsche, Holländer, Engländer, Russen und einen Amerikaner. Besonders beliebt bei den Studenten waren Exkursionen mit ihrem Professor in die nähere Umgebung

Uppsalas. Da sprang etwas von Linnés Begeisterung auf seine Jünger über, der Ausklang wurde regelrecht zelebriert. Der Biograph Heinz Goerke zitiert aus verschiedenen Quellen: „Denn, wenn er jährlich des sommers botanisirte, hatte er ein Paar hundert Auditores, welche Pflanzen und Insekten sammelten, Observationen anstellten, Vögel schossen, Protokol führten. Und nachdem sie von Morgens 7 bis Abends 9 Uhr Mittwochs und Sonnabends botanisirt hatten, kamen sie in die Stadt zurück mit Blumen auf den Hüten, begleiteten auch ihren Anführer mit Pauken und Waldhörnern durch die ganze Stadt bis zu dem Garten."

Die Naturwissenschaft erlebte einen allgemeinen Aufschwung, und Linné war einer der Katalysatoren dieses Prozesses. Im Jahr 1747 beschloß der schwedische Reichstag, daß Naturwissenschaft Unterrichtsfach an den Schulen werden sollte. Für seine Verdienste um die schwedische Naturwissenschaft erhielt Linné den Ehrentitel „Leibarzt des Königs" – ohne jemals diese Funktion auszuüben. Dennoch hatte er bald persönlichen Kontakt zum Königspaar. Nachdem sein Freund Tessin zum Obersthofmarschall aufgestiegen war, öffneten sich Linné alle Türen. Königin Luise Ulrike von Preußen, die Schwester Friedrichs des Großen und ihrem ungeschickten Mann Adolf Friedrich intellektuell weit überlegen, machte sich einen Namen als Förderin von Kunst, Wissenschaft und Literatur. Linné durfte die naturwissenschaftlichen Sammlungen des Königspaares auf Schloß Drottningholm und Schloß Ulriksdal ordnen und katalogisieren. Luise Ulrike bewunderte seinen weltmännischen Esprit an ihm, wie sie sagte, ohne daß er maniriert wirke.

13 Wochen benötigte Linné für die Beschreibung der Sammlung auf Schloß Drottningholm und verfaßte hierüber eine gewaltige, 720 Druckseiten umfassende Schrift mit dem Titel *Museum Ludovicae Ulricae Reginae* (Museum der Königin Luise Ulrike).

Das Ringen um das Ordnen der Natur erreichte im 18. Jahrhundert einen Höhepunkt. Das Ziel war es, ein Ordnungsschema oder System der Natur zu entwerfen, in das man die Naturalia, d.h. die Gesteine, Pflanzen und Tiere, einteilen konnte. Den Systematikern ging es um nicht weniger, als Gottes Ordnung in der Schöpfung nachzuvollziehen. Sie waren beseelt von dem hehren Auftrag, in der Vielfalt und Ähnlichkeit der Geschöpfe die natürliche Ordnung zu erkennen. Dem untergeordnet war das praktische Ziel, die verwirrende Vielfalt der Naturwesen präzise und eindeutig zu katalogisieren. Seit der Schweizer Caspar Bauhin im Jahr 1622 6000 Pflanzenarten aufgelistet hatte, kamen Jahr für Jahr viele weitere hinzu, die alle darauf warteten, beschrieben, benannt und eingeordnet zu werden. Dieses zweite Ziel der klaren und eindeutigen Identifikation der Organismen sollte immer wichtiger werden – nicht nur für die Biologie, sondern auch für Land- und Forstwirtschaft, Gartenbau, Pharmazie, Medizin, Tiermedizin, Hygiene, Gerichtsmedizin und Geschichtsforschung.

Linné hing der vorherrschenden Überzeugung an, die Natur mit ihrem perfekten Funktionieren und im genauen Zusammenspiel aller ihrer Teile deute klar auf den Schöpfer, seine Größe und Weisheit hin. Aus der Zweckmäßigkeit und Ordnung der Naturwesen und -vorgänge sowie aus ihrer Schönheit und Erhabenheit ließe sich – selbst unabhängig von der Heiligen Schrift oder einer anderen Offenbarung – auf die Existenz und Größe Gottes schließen. Eine Theologie aus der Natur heraus nannte man Physikotheologie nach William Derhams *„Physico-Theologia, or a Demonstration of Creation"* von 1713. Aus der Physikotheologie war eine eigene Literaturgattung hervorgegangen mit etwa 1000 Büchern bis Ende des 18. Jahrhunderts, die vor allem in den protestantischen Ländern England, den Niederlanden und Teilen Deutschlands verbreitet waren.

Linné war von tiefem Sendungsbewußtsein erfüllt. Er hielt sich für einen zweiten Adam, auserwählt, die Geschöpfe beim Namen zu nennen. Mit der Einführung eines praktischen Systems der Benennung wurde er unsterblich. Darüber hinaus war sein höchstes Ziel, die Ordnung in der Natur zu erkennen und das natürliche System zu rekonstruieren, den göttlichen Schöpfungsplan. Er war berufen, die Gesetze zur Klassifizierung und Benennung des Lebendigen in die Welt zu setzen.

Weit verbreitet war die Idee der Stufenleiter in der Natur. Danach gab es eine lange, nach dem Grad der Vollkommenheit aufsteigende Stufenleiter des Seins, von Mineralien über Pflanzen, Tiere, den Menschen, Engeln und spirituellen Wesen bis hin zu Gott. Niedere Ränge hatten den höheren zu dienen. Die Geschöpfe durchliefen in ewigen Zyklen die Stufenleiter. Mineralien dienten den Pflanzen als Nahrung, Tiere fraßen Pflanzen oder an-

dere Tiere, der Mensch aß Pflanzen und Tiere, und Würmer fraßen wieder die Menschen. Die ganze Schöpfung war für den
Menschen erschaffen, dessen Aufgabe es war, Gott zu verherrli-
chen. Nach Linnés Vorstellung herrschte das natürliche Gleich-
gewicht, wenn die einzelnen Pflanzen- und Tierarten vorgesehene
Maße, er nannte sie *Proportionen*, einhielten. Traten z.B. Insekten
in Massen auf und machten sich über Pflanzen her, so lag das
entweder daran, daß sie als Überwacher und Maßregler der Pflanzen diese in die Schranken wiesen, nachdem die Pflanzen sich zu
stark vermehrt hatten. Oder aber die Insekten hatten einen Versuch gewagt, sich auszubreiten; dann traten deren Aufpasser, in-
sektenfressende Vögel oder Krankheiten, in Aktion.

In seiner Schrift *Philosophia Botanica* von 1751 gab Linné eine
Einführung in sein System der Pflanzen- und Tierarten. Obwohl
die Arten Elemente der Schöpfung waren, bestand die erste Aufgabe des Systematikers darin, Gattungen zu erkennen, d.h. die
Gruppen, denen Arten jeweils angehören. Gattungen waren für
Linné ebenso real wie Arten, sie existierten wirklich, wohingegen
höhere Gruppen wie Ordnungen und Klassen künstlich abgegrenzt wurden. Das System der Pflanzengattungen gründete er
auf die Sexualorgane der Blütenpflanzen. Innerhalb der Gattungen mußten die einzelnen Arten definitiv unterschieden werden.
Die nobelste Aufgabe des Systematikers bestand darin, differen-
tielle Merkmale der Arten festzustellen.

Als Student war Linné begeistert von der Entdeckung der ver-
borgenen Hochzeit der Pflanzen. Das Wesen der Blütenpflanzen
lag in ihrer Fortpflanzung. Es nahm im Bau der Blütenorgane und
in der Fruchtbildung Gestalt an. Daher gab Linné Merkmale
an wie Anzahl und Anordnung der Staubblätter, Bau des Fruchtknotens und des Stempels. Am Bau der Blütenorgane erkannte er
die 26 „Buchstaben der Natur". Theoretisch ergaben sich aus den
Merkmalen, die er heranzog, 5776 Merkmalskombinationen. Das
hieß für ihn, es konnte höchstens 5776 Gattungen der Blütenpflanzen geben. Im Jahr 1737 gab er für 935 Pflanzengattungen
die Unterscheidungsmerkmale an, und zwar nach Kelch, Krone,
Staubblättern, Stempel, Frucht und Samen. Das Reich der Tiere
ließ sich nicht nach einem einheitlichen Schlüssel wie dem Bau
der Sexualorgane gliedern. Säugetiere gruppierte er nach Zähnen,
Vögel nach Schnäbeln und Insekten nach Flügeln.

Linné war überzeugt, mit diesem noch recht primitiven System den Grundstein für ein natürliches System gelegt zu haben. Das erste und letzte Anliegen der Systematiker sei es, das natürliche System zu konstruieren. Seine eigenen überarbeiteten und erweiterten Entwürfe – seine *Systema Naturae* erfuhr 12 Auflagen – sah er gleichwohl niemals als wirklich natürlich an. Er habe an der natürlichen Methode gearbeitet und sie noch nicht gefunden, meinte er. Arten waren für Linné die unveränderlichen Kategorien der Lebewesen. „Wir zählen so viele Arten, wie verschiedene Formen am Anfang geschaffen wurden", war sein Credo. Als er durch Kreuzung eine offenbar neue Pflanzenart hervorbrachte, war er geradezu schockiert. Im Alter rang er sich zu der Theorie durch, die Vielfalt der Organismen sei durch Mischung (Hybridisierung) einer ursprünglich begrenzten Zahl an Arten entstanden. Sein System der Pflanzen und Tiere entwickelte er fortlaufend weiter. In der 10. Auflage seiner *Systema Naturae* von 1758 gab Linné die künstliche Gruppe der Vierfüßer auf und etablierte die natürliche Gruppe der Säugetiere (Mammalia). Der Klasse Säugetiere ordnete er nun richtig die Wale zu. Die 10. Auflage war mit 4387 beschriebenen Tierarten auch ein deutlicher Fortschritt zur ersten Auflage mit 549 Spezies.

Dabei hatte Linné als erster Systematiker erstaunlicherweise kein Problem, den Menschen als ein Tier mit in das System einzuordnen, und zwar in die Ordnung der Herrentiere (!) (Primates) gleich neben die Affen. Auch das war konsequent, denn äußerliche Merkmale ließen eine scharfe Grenze zwischen Mensch und Affen nicht zu. Tiere besaßen seiner Auffassung nach sogar eine Seele, jedoch eine weniger vornehme als der Mensch. Natürlich nahm der Mensch in Linnés System den obersten Rang ein, gleichsam als Hochkommissar und Überwacher der Schöpfung. Linné taufte den Menschen auf Homo sapiens und gesellte diesem noch zwei weitere Menschenarten hinzu, Homo troglodytes, einen Höhlenmenschen, und Homo caudatus, einen Menschen mit Schwanz. Diese beiden Arten beruhten freilich auf Irrtümern. Zu seiner Zeit ging die Benennung von Affenarten und Menschenarten zum Teil unentwirrbar durcheinander: Orang-outan, Waldmensch, Homo sylvestris, homme sauvage, Satyrus indicus, Pygmäe, Pongo, Jocko u.a.m. Präparierte Stücke wurden falsch zugeordnet, Beschreibungen und Abbildungen waren vielfach nebulös und gerieten ebenfalls durcheinander. Hinter Homo troglodytes standen Albinos unter Schwarzafrikanern oder womöglich Leprakranke; zum Homo caudatus führte wahrscheinlich die verschwommene Beschreibung eines Mantelpavians und eine undeutliche Abbildung in einem Holzschnitt.

1753 führte Linné ein genial einfaches System zur Namensgebung der Pflanzen und Tiere ein. In seinem Werk *Species Plantarum* gab er jeder der 5900 Pflanzenarten, die herkömmlicherweise in ihren Beschreibungen keineswegs eindeutig voneinander abgegrenzt waren, einen eigenen Doppelnamen. Von ihm gewählte Unterscheidungsmerkmale der Arten gab er gleich mit an. Die Methode setzte sich schnell durch und ist bis heute gültig. Der erste Name bezeichnet die Gattung und der zweite die Art. *Ribes rubrum* steht für die Spezies *Rote Johannisbeere*; dabei gibt *Ribes* die Gattung *Johannisbeere* und *rubrum* die Art an, die *Rote Johannisbeere*. Die Schwarze Johannisbeere heißt Ribes nigrum.

Die Belegung der Organismen mit Ober- und Unternamen nennt man *binäre Nomenklatur*. Sie ist vergleichbar mit Personennamen, nur in umgekehrter Reihenfolge. Zuerst kommt der Oberbegriff, der Familienname, dann der Vorname, der jedes Individuum der Familie genau bezeichnet. Linné hat die binäre Nomenklatur nicht erfunden, aber er hat sie konsequent eingeführt und etabliert, weil er den großen praktischen Nutzen erkannte. Bis dahin war die Bezeichnung der Arten umständlich lang, ungenau und schwankend. Das erschwerte die Kommunikation erheblich und führte immer wieder zu Mißverständnissen. Für die Rote Johannisbeere gab es von Caspar Bauhin eine umständliche, drei Zeilen lange, lateinische Beschreibung, die nicht einmal als Standard galt, denn andere Autoren benutzten andere Definitionen. Linné hatte das Problem klar erkannt und eine überraschend einfache Lösung parat: Ribes rubrum. Neue Art- und Gattungsnamen ließen sich ohne Problem ergänzen.

Autoren wendeten die einfachen Regeln bald an, und seither ergänzen sie fortlaufend die von Linné beschriebenen etwa 7000 Pflanzen- und 5000 Tierarten, ohne daß ein Ende abzusehen wäre. Gegenwärtig sind rund 1,5 Millionen Organismenarten beschrieben; Schätzungen über die Zahl der existierenden Arten auf der Erde reichen von zehn Millionen bis 100 Millionen. Im Laufe der Zeit tauchten aber doch Probleme auf, so daß internationale

Einigungen auf bestimmte Regeln der Nomenklatur notwendig wurden. Leider einigten sich die Zoologen auf ihren Kongressen auf etwas andere Regeln als die Botaniker, so daß z.B. ein Gattungsname eine Pflanzen- wie auch eine Tiergattung bezeichnen kann. Hinter dem Artnamen steht der Name des Erstbeschreibers mit der Jahresangabe der Publikation. *Canis lupus Linné 1758* bezeichnet den Wolf, den Linné im Jahr 1758 beschrieb. Hinter *Acarus siro L.* verbirgt sich die erste beschriebene Milbenart, die Mehlmilbe; L. steht für den Beschreiber Linné. Daß der Erstbeschreiber einen latinisierten Namen einführen darf und sich selbst mit dem Anhängen seines Namens unsterblich machen kann, spornt zur Erforschung neuer Arten besonders an.

1758 erwarb Linné das 10 km vor Uppsala gelegene Landgut Hammarby. Er ließ neue Gebäude errichten und einen Garten mit ausländischen Gewächsen anlegen. In einem kleinen, brandsicheren Steinhaus bewahrte er seine Sammlungen auf. Heute ist der ehemalige Landsitz als Linné-Gedenkstätte für Besucher geöffnet. Als Linné 1762 in den Adelsstand erhoben wurde, er nannte sich jetzt Carl von Linné, umrankte er sein Wappen mit seiner Lieblingsblume, dem Moosglöckchen, einer Pflanze, die in moosigen Nadelwäldern wächst und paarige rosarote Blütenglöckchen besitzt. Auf jedem Porträt mußte die von und nach ihm benannte *Linnaea borealis L.* zu sehen sein.

Linné wurde im Laufe seines Lebens immer egozentrischer, beweihräucherte nicht selten sich selbst und war gleichzeitig äußerst verletzlich gegenüber Kritik oder abweichenden Ansichten. In seinen Aufzeichnungen finden sich Sätze, die wahrscheinlich Vorgaben für den eigenen Nachruf liefern sollten: „Kein Naturwissenschaftler hat mehr Beobachtungen in der Natur angestellt / Keiner hat einen solideren Einblick in alle drei Reiche der Natur zugleich gehabt / Keiner war ein größerer Botaniker oder Zoologe / Keiner hat mehr Werke geschrieben, besser, ordentlicher, aus eigener Erfahrung / Keiner so völlig eine ganze Wissenschaft reformiert und eine neue Epoche eingeleitet …" In seiner Autobiographie verlieh er den Botanikern seiner Zeit militärische Ränge. Selbstverständlich rangierte er selbst als General an der Spitze der Blumenarmee, seinem deutschen Erzfeind Siegesbeck wies er den Platz als Feldwebel zu, Professor Heister titulierte er Rumormeister. Er verfaßte lobhudelnde Rezensionen über seine eigenen

Werke und ließ sie an geeigneter Stelle anonym veröffentlichen oder unterließ Hinweise auf andere Schriften, offenbar mit dem Zweck, daß Ergebnisse anderer ihm zugeschrieben wurden. Überheblichkeit ging einher mit Verletzlichkeit durch Mißerfolge und mangelnde Anerkennung.

Im Jahr 1748 glaubte er, die ganze Welt sei ihm gegenüber feindselig eingestellt. Eine Verordnung, die den Druck von Büchern im Ausland unter Strafe stellte, bezog er ganz auf sich und war überzeugt, daß man nur ihn damit habe treffen und schädigen wollen. Im fortgeschrittenen Alter nahm er mehr und mehr die Züge eines Religionsführers an, der die eine wahre Lehre verkündete, mit ergebenen Jüngern und Aposteln. Linné zehrte von seinem Ruf. Solange er sich in seiner von ihm geschaffenen und von ihm regierten Welt bewegte, unter seinen Schülern und in Naturalienkabinetten, war er glücklich. Allein das schützte ihn nicht vor Einsamkeit. Ein Freund schrieb, jeder schätze Linné, aber kaum jemand liebe ihn, selbst im eigenen Land nicht.

Linné war der geborene Systematiker und biologische Enzyklopädist. Die Natur war Gottes große unsortierte Sammlung. Linné machte Inventur, etikettierte die Geschöpfe und brachte sie in eine Ordnung. „Gott erschuf, Linnaeus ordnete", titelte Stoever über ihn. Man nannte ihn auch den „Kanzleibeamten des Herrgotts". Dieser Ordnungssinn beherrschte Linnés Leben total. Wie selbstverständlich ordnete er auch die botanische Literatur seiner Zeit in einem System oder unterschied als systematischer Mediziner die *Gattungen der Krankheiten* (Genera morborum). Ohne System, davon war er überzeugt, würde Chaos herrschen. Um jeden Preis wollte er Ordnung in der Natur entdecken, und wenn er sie nicht fand, mußte er sie eben selbst erfinden. Dabei unterwarf er die Natur der Logik und zwängte sie in sein System.

Für Linné hatte das Ordnen aufgrund des logischen Urteils Vorrang vor dem Erkennen durch Erfahrung. Er war ein scholastischer Logiker, der strenge Unterscheidungen traf. Die Grundlage an empirischen Daten hingegen war meist nicht wirklich tragend. Besser man folgt der Natur nicht zu eng, war seine Devise, sonst droht man den Ariadnefaden, das System, zu verlieren. Interessant ist auch, daß er einen großen Bogen um Varietäten innerhalb der Arten machte. Sie scheute er wie der Teufel das Weihwasser, brachten sie doch bloß alles durcheinander.

Linné war also alles andere als ein typischer Vertreter der Aufklärung. Nach Levertin war er „von allen Männern des Jahrhunderts der einzige große Schriftsteller, der biblisch denkt, biblisch empfindet und biblisch schreibt." Rund 100 Jahre nach ihm, im Jahr 1875, meinte der deutsche Botaniker Julius Sachs in seiner Geschichte der Botanik, Linnés grundlegende Ideen ließen sich allesamt auf seine Vorgänger, darunter den Italiener Cesalpino, zurückführen. Linné sei ein genialer und brillanter Logiker gewesen, jedoch als reiner Scholastiker über den von Aristoteles gesetzten Horizont nicht hinausgekommen. Er sei stets von logischen Prinzipien ausgegangen und habe empirische Informationen dann nur ausgewählt, um sie entsprechend in das System einzupassen. Ein hartes, aber gerechtes Urteil. Wie auch immer, Linné trat aus der Biologie im 18. Jahrhundert durch sein breites Wissen und seine herausragenden Leistungen hervor, die so ganz unter dem Zeichen von Enzyklopädie und Systematik standen. Linné war kein Revolutionär der Naturwissenschaft. Er verkörperte in origineller und glänzender Weise den Höhe- und Schlußpunkt scholastischen Denkens.

Nach einem letzten Sommer in Hammarby verstarb Linné am 10. Januar 1778 in Uppsala.

*„Es ist, als gestehe man einen Mord."*

# Charles Darwin (1809–1882)

Charles Darwin kennt Joseph Hooker nicht gut, aber er hat das Gefühl, der ist es. Seit langem ist er auf der Suche nach einem Naturforscher, dem er sein Geheimnis anvertrauen kann und der ihm sagt, was er davon hielte. Am 11. Januar 1844 schreibt Darwin dem 27jährigen Botaniker, er sei seit sieben Jahren mit einem sehr vermessenen, wenn nicht gar törichten Werk befaßt. Fasziniert von den Tierarten der Galapagosinseln und den südamerikanischen Fossilien habe er blindlings alles gesammelt und aufgezeichnet, was mit den Arten zu tun habe, einschließlich der Bücher über Landwirtschaft und Gartenbau. „Inzwischen bin ich (ganz im Gegensatz zu meiner ursprünglichen Meinung) beinahe überzeugt davon," schreibt er, „daß die Arten nicht (es ist, als gestehe man einen Mord) unveränderlich sind." Darwin spricht von der Verwandlung der Arten in andere, von der Transmutation der Arten. Welch eine groteske Vorstellung!

Wenige Jahre nach seiner Forschungsreise um die Welt (1831–1836) macht Darwin eine schreckliche Entdeckung, die ihn gleichermaßen quält wie fesselt: Gott hat die Arten nicht, wie es die Kirche nach der biblischen Schöpfungsgeschichte lehrt, eine um die andere aus dem Nichts erschaffen. Vielmehr haben sich die Arten nach den Gesetzen der Natur, welche die Planetenbahnen ebenso wie die Auffaltungen der Gebirge bestimmen, aus früheren Arten entwickelt. Der Schöpfer erschafft durch Gesetz. Und noch etwas, das niemand gerne hört: Die Natur ist äußerst brutal, zerstörerisch und häßlich. „Was für ein Buch könnte ein Kaplan des Teufels über das plumpe, verschwenderische, stümperhaft niedrige und entsetzlich grausame Wirken der Natur schreiben!" bemerkt Darwin, als er sich Jahre später an sein Hauptwerk macht.

Von Anfang an macht ihm angst, daß seine Theorie Sprengstoff für die gesellschaftliche Ordnung enthält. Denn wenn Gott die

*Charles Darwin, Photographie von Julia Margaret Cameron,*
*um 1875*

Naturvorgänge nicht durch ständiges Eingreifen steuert, wenn er vielmehr der Natur nach bestimmten Naturgesetzen und dem Zufallsprinzip ihren Lauf läßt, dann gibt es keine göttliche Vorsehung mehr. Es gibt überhaupt keine göttliche Ordnung mehr, weder in der Natur noch in der Zivilisation. Die Gesellschaftsordnung verliert ihre göttliche Legitimation und gerät ins Rutschen, die Vormachtstellung der Kirche zerfällt.

Darwin, der privilegierte Großbürger, fürchtet die Herrschaft des Pöbels. Er weiß, würde er seine Theorie voreilig ausposaunen, gösse er nur Öl ins Feuer der Revolutionäre und Radikalen. Seine Forscherkollegen wird er ohnehin nicht so einfach überzeugen. Und auf gar keinen Fall will er seinen Ruf ruinieren.

20 Jahre lang behält er seine Idee für sich und erzählt nur einzelnen Vertrauten von ihr. 20 Jahre lang sammelt er einen ganzen

Aktenschrank Tatsachenmaterial als Indizienbeweise. Während alle Welt über neue Tiere aus den Kolonien staunt, denkt Darwin über die sehr verschiedenen Zuchtrassen der Tauben, Hunde, Pferde und Schweine nach. Er liest den *Poultry Chronicle*, eine Zeitschrift über Geflügelzucht, geht in die Clubs der Züchter, fragt die Leute aus und schaut sich um. Er besucht den exklusiven Club *Philoperisteron* in der Londoner Freimaurer-Taverne und den billigen Club von Borough, geht in die Bierhallen und Schnapsbuden und hört sich um. Er baut ein Taubenhaus und züchtet Tauben. Daneben schreibt er Bücher über seine fünfjährige Forschungsreise, über Korallenriffe, über die Geologie Südamerikas. Acht Jahre lang wirft er sich in die Erforschung bizarrer, winzig kleiner Krebstiere, der Rankenfüßer.

Zunächst plant Darwin ein mehrbändiges Werk, bis ihn Freunde dazu bringen, seine Theorie der Abstammung in einem Buch zusammenzufassen. Im Sommer 1858, als sein Werk bereits weit gediehen ist, hat er das Gefühl, alles breche über ihm zusammen.

Am Morgen des 18. Juni 1858 händigt der Briefträger ihm ein Paket aus. Von einer Insel des Malayischen Archipels ist es um die halbe Erde geschippert. Aha, mein Partner Wallace, denkt Darwin, welche Käfer und Vogelbälge schickt er mir dieses Mal? Keine Käfer, sondern ein Manuskript: *On the Tendency of Varieties to depart indefinitely from their Original Type*. Als er den Text überfliegt, traut er seinen Augen nicht. Zwanzig Seiten, die sich lesen wie seine eigene eilig hingeworfene Skizze von 1842. Da ist die Rede von Varianten innerhalb der Arten, die durch einen Existenzkampf von ihrer ursprünglichen Art allmählich immer mehr abweichen. Darwin hat den Schmetterlingsfänger und Vogelbalghändler Wallace offenbar unterschätzt. Alfred Russel Wallace hat wie er das Prinzip der natürlichen Auslese entdeckt.

Freunde raten ihm, den Aufsatz von Wallace und einen eigenen nebeneinander ins *Journal of the Linnaean Society* zu bringen. Auf der Versammlung der Linné-Gesellschaft verliest ein Sekretär beide Manuskripte. Doch die wissenschaftlichen Herren erfassen die Aussage nicht. Es geht gleich weiter mit einem Vortrag über die Pflanzenwelt Angolas.

Doch allmählich spricht sich in Londoner Kreisen herum, daß Darwin mit einer neuen Theorie aufwartet. Als am 22. November 1859 der Londoner Verleger John Murray *On the Origin of Species by Means of Natural Selection or the Preservation of favoured Races in the Struggle for Life* in den Handel bringt, ist die erste Auflage in Höhe von 1 250 Stück sofort vergriffen. „... auf Grund meiner sorgsamen Studien und des unbefangensten Urteils, dessen ich fähig bin", heißt es in der Einleitung, „halte ich trotzdem die Meinung für irrig, der bis vor kurzem die meisten Naturforscher zuneigten (wie auch ich selber in früheren Jahren), daß nämlich jede Art selbständig erschaffen sein soll. Ich bin fest überzeugt, daß die Arten nicht unveränderlich, sondern daß die zu einer Gattung gehörenden die Nachkommen anderer, meist schon erloschener Arten und daß die anerkannten Varietäten einer bestimmten Art Nachkommen dieser sind. Und ebenso fest bin ich überzeugt, daß die natürliche Zuchtwahl das wichtigste, wenn auch nicht einzige Mittel der Abänderung war." Der Autor nimmt die Züchtung von Haustierrassen zum Ausgangspunkt. „Wenn schon der Mensch durch seine planmäßige und unbewußte Zuchtwahl große Erfolge erzielt, was muß erst die natürliche Zuchtwahl erreichen können! (...) Und wie armselig sind seine Erfolge im Vergleich zu denen, die die Natur im Laufe ganzer geologischer Perioden hervorgebracht hat." Im Zentrum seines Werkes steht also die natürliche Zuchtwahl, auch *natürliche Auslese* oder *natürliche Selektion* genannt. Was ist gemeint, wenn es heißt, daß die Natur züchtet oder Zuchtwahl betreibt? Es sind die jeweiligen, aktuellen Umweltbedingungen, die Arten züchten, indem sie fortwährend bestimmte Merkmalsträger ausmerzen und andere begünstigen. Der Grund hierfür liegt darin, daß zufällige Varianten, d. h. unterschiedliche Merkmalsträger, unter den jeweils gegebenen Umweltbedingungen unterschiedliche Fortpflanzungsraten haben.

Darwin läßt sein Werk ausklingen mit dem Satz: „Es ist wahrlich etwas Erhabenes um die Auffassung, daß der Schöpfer den Keim alles Lebens, das uns umgibt, nur wenigen oder gar nur einer einzigen Form eingehaucht hat und daß, während sich unsere Erde nach den Gesetzen der Schwerkraft im Kreise bewegt, aus einem so schlichten Anfang eine unendliche Zahl der schönsten und wunderbarsten Formen entstand und noch weiter entsteht."

Das Buch wird schnell populär, auch weil es in einer verständlichen Sprache verfaßt ist. Sofort scheiden sich die Geister. Der Anatom Richard Owen tritt gegen Darwin auf. Scharf reagieren auch die Vertreter der anglikanischen Staatskirche. Als Fürsprecher Darwins tritt der scharfzüngige Thomas Huxley auf, „Darwins Bulldogge". Während Darwin schweigt, feiern laut tönend Radikale und Atheisten das Buch.

Darwins Großvater Erasmus Darwin, Arzt und Bonvivant mit einer dichterischen Ader, der auch schon mal Sex gegen Hypochondrie empfahl, glaubte bereits an einen Wandel der Arten und an deren Verwandtschaft untereinander. Seinen Sohn Robert, ebenfalls Arzt, verheiratete er mit Susannah Wedgwood, der Tochter des Porzellan-Fabrikanten Josiah Wedgwood. Die Darwins und die Wedgwoods, zwei typische Familien der englischen Gesellschaft: Freidenker die einen, salonfähige Unitarier die anderen; beide arrivierte Besitzbürger und aufgeklärte Technokraten, die der *Lunar Society* in Birmingham angehörten. Man traf sich in mondhellen Nächten (um sicher nach Hause zu kommen) und diskutierte über Erfindungen und Ideen für Fortschritt durch Technik.

Charles Darwin wurde am 12. Februar 1809 in Shrewsbury, am oberen Severn, eine Tagesreise von Birmingham, geboren, als jüngstes Kind von drei Töchtern und zwei Söhnen. Seine Mutter starb, als der Junge acht Jahre alt war. Latein und Griechisch und das Auswendiglernen von ellenlangen Versen im altehrwürdigen, dunklen und klammen Internat von Shrewsbury waren eine Qual für Darwin, der sich lieber im Freien herumtrieb, die Landschaft durchstöberte, mit seinem Bruder querfeldein galoppierte oder auf die Jagd ging. Beim Abschuß seiner ersten Schnepfe konnte er vor lauter Zittern kaum nachladen. In der Schule glänzte Darwin nicht. „Außer Schießen, Hunden und Rattenfangen hast du nichts im Kopf; du wirst noch zur Schande für dich selbst und deine ganze Familie", schalt ihn der Vater.

Da schickte er den 16jährigen zum Medizinstudium nach Edinburgh. Das „Athen des Nordens" war kosmopolitisch und liberal. Hier hatten die Whigs, die Gegenspieler der konservativen Torys und Vorläufer der Liberalen, die Oberhand. Sie forderten ein erweitertes Wahlrecht, offenen Wettbewerb, Zugang zu öffentlichen Ämtern auch für Nichtanglikaner und die Abschaffung der Sklaverei. Die Vorträge und Debatten der *Plinian Society*, einer naturforschenden Gesellschaft aus Freidenkern und Demokraten, zogen den jungen Darwin an.

Vor allem Robert Grant faszinierte ihn. Der Zoologe untersuchte an der Küste Schwämme, Polypen und Algen, die für ihn an der Wurzel des Tier- bzw. Pflanzenreichs standen. Grant war Lamarckist. Zudem bestand er darauf, daß alle Tiere einschließlich des Menschen miteinander blutsverwandt seien. Auf zahlreichen Exkursionen ließ sich Darwin in die Geheimnisse der Meerestiere einweihen und stellte selbst Beobachtungen an. Bald gab Grant die erste Entdeckung Darwins bekannt: Die pfefferkornähnlichen Körper in Austernschalen waren die Eier eines Blutegels, der Rochen befiel. Geologie war en vogue, man untersuchte und deutete Ablagerungen, Fossilien und Mineralien und vermaß das Land. Studenten gingen gemeinsam mit Angestellten der East India Company und Ingenieuren zur geologischen Feldarbeit. Im Museum der Universität kamen Steine, Tiere und Pflanzen aus den Kolonien an. Darwin sah sich hier häufig um, präparierte Vögel und machte Notizen. Dagegen mied er Kampffergeruch und Krankenbetten. Beim Beobachten einer Operation lief er aus dem Operationssaal: „Nie wieder", schwor er sich.

Einen Morgengalopp von Shrewsbury entfernt wohnte eine Landjunkerfamilie mit zwei Töchtern. Die sechzehnjährige Fanny – frühreif, dunkelhaarig und sehr lebhaft – hatte es Darwin angetan. Sie ritten gemeinsam auf die Jagd, und sie bestand darauf, schießen zu dürfen. Sie nannte Darwin ihren Postillon, sich selbst ironisch Heimchen. Darwin war über die Ohren verliebt. Beim Erdbeerpflücken gingen sie immer mehr zu Boden, bis sie liegend die Früchte probierten und grunzten und lachten. Einmal hatte er wundgeküßte Lippen … Nach der gescheiterten Medizinlaufbahn hatte der Vater einen zweiten Plan für ihn. Wenn er seinem Sohn eine Landpfarrei ersteigerte, würde Darwin materielle Sicherheit, gesellschaftlichen Status sowie Freiheit für seine Naturforschung erlangen. Die anglikanische Kirche lebte fett, selbstzufrieden und korrupt von ihren Steuern und ihren zahlreichen Besitztümern. Begehrenswerte Pfarreien mit geräumigen Pfarrhäusern und Land wurden höchstbietend versteigert. Die Aufgaben als Pfarrer ließen genug Zeit für Jagd und Naturforschung. Und schließlich mußte man nicht wirklich gläubig sein, es kam darauf an, so zu leben, wie es sich gehörte. Ironie des Schicksals – Darwin sollte ein Kirchenmann werden!

Theologiestudium in Cambridge. Hier, wo Professoren und

Dozenten überwiegend dem Priesterstand angehörten, spürte er deutlicher als im liberalen Edinburgh die Macht der Staatskirche. Steuerbeamte der Universität überwachten die Händler, den Markt und setzten die Brotpreise fest. Der Vizekanzler herrschte autokratisch, er saß als Einzelrichter über Stadt und Universität zu Gericht. Die bei den Studenten verhaßten Proktoren, Disziplinarbeamte, waren sogar befugt, verführerisch wirkende Mädchen und Frauen aus dem Verkehr zu ziehen und einzukerkern. Der Minimalkodex für die Studenten lautete daher: Trag immer Mütze und Talar, halte die Sperrstunde ein, meide Raufereien und Duelle, bleib in der Öffentlichkeit nüchtern und laß dich niemals mit Mädchen blicken.

Darwin, den die alten Sprachen langweilten, besuchte viel lieber naturwissenschaftliche Lehrveranstaltungen. Käfersammeln, eine Mode im ganzen Land, wurde zu seiner Leidenschaft. Darwin zeigte Ehrgeiz und maß sich schon bald mit den Koryphäen auf diesem Gebiet. In geologischen Feldarbeiten machte er sich bald vertraut mit Meßtechniken, Kartierungen und anderen Fertigkeiten.

Ein Jahr vor seiner Vorprüfung, dem Little Go, hing der Priesterkandidat Darwin durch. Er traute sich nicht zu, die Prüfung zu bestehen. Als sich in dieser Zeit auch sein Vetter Fox, mit dem er auf Käferjagd ging, nicht meldete, schloß er sich ein paar Zechkumpanen an. Man zockte, trank und hatte Spaß. Darwin schwelgte überdies, angeregt durch Humboldts *Vom Oriniko zum Amazonas,* in Reisephantasien. Sein Vorhaben, Teneriffa zu bereisen, vergaß er ganz schnell wieder, als plötzlich ein wahres Weltprojekt vor ihm auftauchte.

„Du bist genau der Mann, den sie suchen", schrieb ihm der Botanikprofessor Henslow und empfahl ihm die Teilnahme an einer mehrjährigen Vermessungsfahrt um die Welt. Captain Fitz-Roy suchte einen Naturforscher, mit dem er den Kapitänstisch teilen konnte. Es war die Chance seines Lebens, Darwin war vor Freude ganz aufgeregt. Zunächst war sein Vater dagegen. Doch als Onkel Josiah sich für die Teilnahme an der Expedition aussprach, lenkte der Vater ein. FitzRoy warnte Darwin: Die Reise werde fast drei Jahre dauern (tatsächlich dauerte sie fünf Jahre), die Kabine werde eng sein, das Essen schlicht, die Kosten habe er zu tragen, mit Seekrankheit sei zu rechnen. Selbstverständlich dürfe er von jedem Land aus die Reise abbrechen und nach England zurückkehren. FitzRoy, ein feiner und arroganter Aristokrat, wollte einen neutralen Gesprächspartner an Bord haben, um mit der üblichen Isolation des Kapitäns von der Mannschaft besser fertig zu werden.

Die *Beagle* hatte im Auftrag der Krone Vermessungsaufgaben wahrzunehmen. Küstenlinien und Inseln samt Häfen und Kanälen sollten kartographiert, Seekarten überprüft und Gezeiten und Klimaverhältnisse aufgezeichnet werden. Um ein Haar wäre die Teilnahme an Darwins Nase gescheitert. FitzRoy glaubte als ein Anhänger der Physiognomielehre Lavaters, an der Form der Nase den Charakter eines Menschen zu erkennen. Darwin erschien ihm zunächst wenig energisch und entschlossen.

Darwin mußte schwer schlucken, als er im Hafen von Devonport die kleine *Beagle* besichtigte: 27,50 Meter lang und nur maximal 7,40 Meter breit – und die niedrigen, kleinen Kabinen. Dann schaffte er seine Kisten an Bord, darin Kleider, Gläser mit Konservierungsmitteln, Mikroskop, Teleskop, Geologenhammer und anderes wissenschaftliches Gerät. Die Enge an Bord bereitete ihm wiederholt klaustrophobische Zustände. Dazu kam die Angst, seine Instrumente könnten ihm gestohlen werden.

Die Reise führte über die Kanaren und Kapverdischen Inseln nach Brasilien. Im Landesinneren traf Darwin auf riesige Termitenhügel, Papageien und Kolibris; nachts kamen Vampyrfledermäuse und leckten Pferdeblut. Dann zum Rio de la Plata vor Montevideo, anschließend eine lange Vermessungsfahrt entlang der patagonischen Küste. Darwin beobachtete und registrierte, aß mit den Gauchos am Feuer gebratenes Gürteltier mit Nanduei-knödeln. Er fand die versteinerten Knochen und Zähne mehrerer ausgestorbener Riesenfaultiere in Quarz- und Kieselschotter. Er schoß Eulen, Kuckucke, Fliegenschnäpper und Scherenschwänze und kaufte von Jungen tote Reptilien und Mäuse. Ganze Fässer voll Bälge und konservierter Tiere schickte er Henslow nach England.

Am ehrgeizigsten aber suchte er Fossilien, die Zeugen der Naturgeschichte. Er hatte das neue Buch von Charles Lyell *Principles of Geology* mit auf die Reise genommen. Lyell widersprach darin Lamarck: Jede Art sei an ihr Entstehungszentrum angepaßt, veränderte Umweltbedingungen würden stets eine Art ausrotten, sie also nicht transformieren. Neue Arten seien spontan aufgetaucht, es müsse göttliche Schöpfung sein. FitzRoy war von den Gesprächen mit seinem Naturforscher und dessen Gedanken beeindruckt. Bald nannte er ihn nur noch den Philosophen; er gab sogar einem Berg den Namen Darwin.

Immer wieder stieß Darwin auf interessante Tatsachen. Einmal erzählte der Chirurg eines Walfangschiffes ihm, daß die Läuse der Bewohner der Sandwichinseln, wenn sie auf Engländer überwechseln, nach wenigen Tagen eingehen. Darwin dachte nach. Haben die menschlichen Rassen vielleicht ähnliche, jedoch unterschiedliche Parasiten? Und sind diese Parasiten miteinander verwandt? Dann wäre das ein Hinweis darauf, daß auch die menschlichen Rassen eine gemeinsame Abstammung haben.

Nach einem starken Erdbeben in Chile sah Darwin die Stadt Concepción in Trümmern. Nach all dem Schmerz über das Unglück der Menschen fand er Lyells Ansicht bestätigt: Der Kontinent war erdgeschichtlich aus dem Meer aufgetaucht, die Anden hatten sich allmählich durch zahlreiche Hebungen im Laufe langer Zeiträume aufgefaltet. Und eine solche Hebung hatte er soeben er- und überlebt. Auf einem der Hauptkämme der Anden, in einer unfruchtbaren Wildnis fand er versteinerte Muscheln in den Felsen. Der Granitkern sei schubweise entlang einer Nord-Süd-Linie emporgehievt, schrieb er, und die darüberliegenden Sandsteinschichten seien dabei umgestürzt worden.

Im peruanischen Iquique indes lenkten faszinierende Geschöpfe Darwins Aufmerksamkeit auf sich: „Das … elastische Kleid schmiegt sich sehr eng an die Figur und zwingt die Damen, kleine Schritte zu machen, was sie sehr elegant tun, und dabei kommen sehr weiße Seidenstrümpfe und sehr hübsche Füße zum Vorschein. Sie tragen einen schwarzen Seidenschleier, der hinter der Taille befestigt ist und der über den Kopf gezogen und mit den Händen vor dem Gesicht festgehalten wird, wobei nur ein Auge unbedeckt bleibt. Aber dieses eine Auge ist so schwarz und glänzend und hat solche Fähigkeiten der Bewegung und des Ausdrucks, daß es eine sehr mächtige Wirkung ausübt."

Die Tierwelt der westlich von Ecuador gelegenen Galapagos-Inseln erschien Darwin als ebenso merkwürdig wie eigenartig. Die flirrende Hitze auf dem schwarzen Lavagestein erschwerte die Erkundungen. „Abstoßend häßliche" gelbe und rote Leguane ließen sich aus der Nähe beobachten, Riesenschildkröten, die sechs Männer nicht tragen konnten, und Vögel, die keine Feinde kannten. Von den Riesenschildkröten glaubte er, Piraten hätten sie aus dem Indischen Ozean eingeführt. Erst Jahre später erkannte er, daß auf jeder Insel der Inselgruppe eine eigene Spezies entstanden war.

Den später berühmt gewordenen Darwinfinken schenkte er zunächst keine besondere Aufmerksamkeit. Er schoß Finken und Spottdrosseln und vermischte sogar die Exemplare zweier Arten. Später auf See stellte er fest, daß die entsprechenden Finkenarten der einzelnen Inseln voneinander leicht abwichen. Es handele sich um zwei oder drei Varietäten, meinte er.

Nach seiner Reise wandte sich Darwin erneut den Finken zu. Die vulkanischen Galapagos-Inseln waren mit einem Alter von ein paar Millionen Jahren recht jung. Nach ihrer Entstehung mußten Vögel vom 1 000 Kilometer entfernten Festland sie erreicht und besiedelt haben. Darwin stellte fest, daß seine Galapagos-Vögel verschieden von den Arten des südamerikanischen Festlands waren. Untereinander unterschieden sie sich vor allem in ihrem Schnabel, der mal als Kernbeißerschnabel, mal als Nußknacker, Schere, Zange oder Pinzette gestaltet war. Der Ornithologe und Tierpräparator John Gould, dem Darwin seine Exemplare zur Untersuchung gab, stellte 13 Arten fest, und zwar nur Finken und keine Spottdrosseln. Einige Arten hätten nahe Verwandte auf dem Festland. Darwin schlug nun vor, daß sich die frühen gefiederten Besiedler der Galapagos-Inseln, die vielleicht nur einer einzigen Finkenart angehörten, im Laufe der Zeit in die 13 Arten aufgespalten haben. Verantwortlich für diesen Evolutionsprozeß sei die natürliche Auslese, die die verschiedenen Finken gleichsam gezüchtet habe, nämlich als optimal an die ökologischen Nischen der einzelnen Inseln angepaßte Lebensformen. Die Darwinfinken sollten später als ein Musterbeispiel für die Entstehung der Arten in die Biologiebücher eingehen.

Die *Beagle* setzte ihre Fahrt über Tahiti und Neuseeland nach Australien fort, wo Darwin ein Schnabeltier sah, also ein Eier legendes Säugetier. Dann nahm das Schiff Kurs aufs Kap. Als in Kapstadt der Physiker und Astronom Sir John Herschel, der dazu aufgerufen hatte, „das Mysterium aller Mysterien" zu enthüllen, nämlich das schrittweise Auftauchen neuer Spezies, mit dem jungen Darwin zusammentraf, ahnte er nicht, daß der im Begriff war, eben diesen Schleier zu lüften. Am 2. Oktober 1836 lief die *Beagle* im englischen Falmouth mit einem prallen Logbuch, zahlreichen Fundstücken und wertvollen Erfahrungsschätzen ein.

Die Zweimillionenstadt London war jetzt abends von Gaslaternen erleuchtet. Darwins Stern stieg schnell am Himmel der Wissenschaft auf. Eines seiner entdeckten Fossilien erwies sich als ein nilpferdgroßer Verwandter des südamerkanischen Wasserschweins, ein anderes als ein Ameisenbär von der Größe eines Pferdes, bei einem dritten handelte es sich um ein Riesenlama – welch eine fremde untergegangene Welt. Und Lyell zog aus den Funden den richtigen Schluß, daß die ausgestorbenen und die heutigen Tiere eines Kontinents miteinander verwandt seien.

Am 4. Januar 1837 stand Darwin mit klopfendem Herzen zum ersten Mal vor der Geologischen Gesellschaft, um einen Vortrag über die Erdgeschichte der Westküste Südamerikas zu halten. Zu seiner großen Erleichterung nahm man seine geologische Deutung an. Mitte Juli 1837 begann Darwin sein heimliches B-Notizbuch über die Transmutation der Arten. Nach den Worten seiner Biographen Desmond und Moore betrat er damit eine einsame neue Welt von Monologen und Grübeleien. Noch weihte er niemanden in seine anstößigen Gedanken ein, aus Angst, sich der Ketzerei, des Verrats oder der Verantwortungslosigkeit schuldig zu machen.

Von dieser Zeit an klagte er immer häufiger über Erkrankung und Unwohlsein. Tatsächlich verbrachte er einen großen Teil seines Lebens krank im Bett. Im Alter von 56 schrieb er über seine Krankengeschichte: „Seit 25 Jahren extreme, krampfartige tägliche und nächtliche Blähungen. Gelegentliches Erbrechen, zweimal monatelang anhaltend. Dem Erbrechen gehen Schüttelfrost, hysterisches Weinen, Sterbeempfindungen oder halbe Ohnmachten voraus, ferner reichlicher, sehr blasser Urin. Inzwischen vor jedem Erbrechen und jedem Abgang von Blähungen Ohrensausen, Schwindel, Sehstörungen und schwarze Punkte vor den Augen. Frische Luft ermüdet mich, besonders riskant, führt die Kopfsymptome herbei; Unruhe, wenn mich Emma verläßt …" Er versuchte alles mögliche gegen die wiederkehrenden Attacken, zuckerlose Diät, bitteres Indian Ale (Maisbier), Eispackungen, oder er galvanisierte seinen Leib mit Anodenbatterien. Es half alles nicht. Die Attacken kamen, überwältigten ihn und gingen wieder. Einige Autoren haben später vermutet, bei seiner chronischen Erkrankung habe es sich vielleicht um die in Süd- und Mittelamerika verbreitete Chagas-Krankheit gehandelt. Er selbst hatte berichtet, er sei eines Nachts in Argentinien von der Chagas-Wanze gestochen worden.

Emma Wedgwood, seine Cousine aus der berühmten Porzellandynastie, war nicht nur Haushälterin und Pflegerin der kranken Mutter. Sie spielte ausgezeichnet Klavier – hatte bei Chopin Stunden genommen –, sie sprach Französisch, Italienisch und Deutsch und war gut im Bogenschießen. Als 29jähriger dachte Darwin öfter übers Heiraten nach und wägte Pro und Contra ab. Kinder sprachen für eine Heirat, zudem wollte er nicht „ein Leben lang nur wie eine geschlechtslose Arbeitsbiene zubringen". Gegen Heiraten sprach das Aufgeben der Freiheit, der Zwang zu Verwandtenbesuchen, zum Nachgeben in jeder Kleinigkeit und der Zeitverlust („kann abends nicht lesen – werde fett und faul"). „Ich denke, Du wirst mich vermenschlichen und mich bald lehren", schrieb er ihr, „daß es ein größeres Glück gibt, als schweigend und einsam Theorien zu entwerfen und Fakten anzusammeln." Darwin suchte keine intellektuelle Partnerin, eher schon eine sanfte Krankenschwester, meinen jedenfalls seine Biographen Desmond und Moore. Der Vater riet Darwin, seine religiösen Zweifel besser für sich zu behalten, denn die Religion sei immer ein wunder Punkt zwischen den Familien der Wedgwoods und Darwins gewesen. Emma nahm Darwins Antrag an, teilte ihm aber in einem ebenso liebevollen wie besorgten Brief mit, sie habe das Gefühl, daß ihre religiösen Ansichten „eine schmerzhafte Kluft zwischen uns bedeuten". Er war gerührt über diesen Brief und bewahrte ihn in seinem Herzen. Im Alter schmerzte ihn, daß Emma befürchtete, sie würden vielleicht nicht ewig einander angehören.

Darwin beobachtete in jener Zeit seine sexuelle Erregung, freilich im Dienste der Theoriebildung. „Unsere Tendenz, zu küssen und fast zu beißen, was wir begehren, hängt wahrscheinlich mit dem Speichelfluß zusammen; daher die Aktion von Mund und Kiefern. Von lasziven Frauen sagt man, daß sie beißen; Hengste tun das immer." Am 29. Januar 1839 wurde das Paar getraut. Anschließend flüchtete Darwin mit der Braut zum nächsten Zug nach London. In sein Tagebuch trug er ein: „In Maer geheiratet und dreißigjährig nach London zurückgekehrt." Jetzt schienen Ideen und wissenschaftliche Fragen endgültig die Regie in ihm übernommen zu haben: Noch am Tag seiner Hochzeit schlug er sein E-Notizbuch auf und hielt Onkel Johns Ansichten über Rüben fest!

In den folgenden Jahren wechselte Emmas Zustand zwischen Schwangerschaft und stillender Mutter zehn Mal. Darwin ging es in den ersten Jahren elendig, er wurde von Migräne, Übelkeit und Frösteln geplagt. Er trug etwas Unerhörtes in sich, das er gern mit jemandem teilen würde, aber nicht konnte. Im Sommer 1842 skizzierte er mit dem Bleistift auf 35 Seiten seine Theorie. Manchmal lud er ein paar Forscher zu Diskussionen nach Hause in das Dörfchen Downe ein, wo die Familie jetzt lebte.

Zehn Jahre nach der Reise mit der *Beagle* waren die Fundstücke wissenschaftlich bearbeitet, bis auf ein paar winzige Rankenfußkrebse. Darwin holte Luft zum Endspurt. Er würde noch eine Monographie über die winzigen Rankenfußkrebse schreiben, dafür plante er ein Jahr ein. Dann würde er sich endlich ganz seinem Hauptwerk widmen. Die Arbeit über die seltsamen Krebstiere sollte ihn dann jedoch acht Jahre festhalten. An der südchilenischen Küste hatte er den kleinsten Rankenfußkrebs der Welt gefunden, der als Parasit in einer Muschel lebte. Dieses „mißgebildete kleine Ungeheuer", so groß wie ein Stecknadelkopf, sezierte Darwin unter dem Mikroskop.

Um die Art mit anderen Rankenfußkrebsen zu vergleichen, lieh er sich Exemplare aus und studierte auch deren Larven. Erst im Jahr 1830 hatte Thompson die an Schiffen oder Pflöcken festsitzenden Seepocken als Krebstiere identifiziert. Darwin geriet immer tiefer in den Sog einer Spezialuntersuchung. Die Männchen einer philippinischen Art waren mikroskopisch klein. Ein Männchen (oder manchmal zwei) suchte als Larve ein Weibchen auf, heftete sich an ihm fest, ja verwuchs mit ihm und lebte fortan als Parasit auf dem Weibchen. Darwin sah die Evolution gewissermaßen im Zeitraffer. Ursprünglich waren die Rankenfüßer Zwitter mit weiblichen und männlichen Sexualorganen. Bei einigen Arten waren die männlichen Organe unterentwickelt, bei anderen total zurückgebildet. So war die Eingeschlechtlichkeit entstanden. Die Männchen waren bizarr. Sie bestanden aus wenig mehr als ihrem Sexualorgan, nämlich aus einem Muskelsack, darin ein Auge, ein Fühler und ein riesiges Sexualorgan!

1849 ging es Darwin so schlecht, daß er eine viermonatige Wasserkur antrat. Zu seinen Rankenfüßern zurückgekehrt, mußte er jetzt auch noch 200 fossile Exemplare diagnostizieren. Wo enden Varietäten, wo beginnt eine neue Spezies? Ihm war bereits klar, daß verwandte Arten in Vorzeiten einmal Rassen oder Varietäten einer gemeinsamen Stammart waren.

Inzwischen besaß Darwin nationalen und internationalen wissenschaftlichen Ruf. 1853 verlieh ihm die Royal Society die Königliche Medaille. Ebenso reich gesegnet waren die materiellen Verhältnisse der Darwins. Mit einer jährlichen Rendite von 3000, später über 4000 Pfund aus angelegtem Kapital gehörten sie zu den obersten paar Prozent der Rentiers. Hinzu kam Darwins reiche Erbschaft in Höhe von 40000 Pfund, ein Gutshof, ein Landgut und Hypotheken sowie Emmas Vermögen. Ihr ganzes Vermögen belief sich auf etwa 80000 Pfund. Zum Vergleich: Darwin hatte das alte Haus in Downe, das heute ein Darwin Museum ist, für 2200 Pfund erstanden. Die Ausgaben für Dienstpersonal – Kutscher, Hausdiener, zwei Stubenmädchen, zwei Gärtner, zeitweilig Butler, Köchin und Kindermädchen – betrugen in einem Jahr ganze 86 Pfund. Als die Kinder aus dem Haus waren, beliefen sich die Gesamtausgaben der Darwins mit 900 Pfund jährlich auf rund 10 % ihrer Einkünfte und Kapitalerträge. Ein großer Teil des Vermögens bestand aus Wertpapieren und Eisenbahnaktien. So steckte er 20000 Pfund in die Great-Northern-Eisenbahn und lebte jahrelang von den Erträgen.

Als die neunjährige Annie, Darwins Lieblingstochter, monatelang krank war und nichts half, brachte Darwin sie zur Wasserkur, die auch ihm gutgetan hatte. Doch anstatt gesund zu werden, führte Annie einen über Wochen anhaltenden Todeskampf mit Besserungen und Rückschlägen, der ihre Eltern wiederholt von Freude in tiefste Trostlosigkeit stürzte. Nach Annies Tod blieben zwei Gefühle in Darwins Herz zurück: eine unauslöschliche Liebe für Annie und ein brennendes Loch an der Stelle, wo sich zuvor der Glaube an einen gütigen und gerechten Gott fand.

Im 19. Jahrhundert gerieten der biblische Schöpfungsglaube und damit eine ganze Weltanschauung ins Wanken. Die Erde mußte viel älter als die 6000 Jahre sein, die Erzbischof Usher im

17. Jahrhundert verkündet hatte, vielleicht zig Millionen Jahre! Landschaften, Flüsse und Gebirge, ja ganze Kontinente, hatten sich offenbar verändert, verschoben, gehoben oder gesenkt. Die Erde war längst nicht mehr dieselbe wie am 7. Schöpfungstag! Die Funde ausgestorbener fremder Tiere in verschieden alten Gesteinsschichten stellten den Glauben an die Sintflut ebenso in Frage wie den an die Vollkommenheit der Schöpfung. Funde, die nach Erklärungen verlangten, häuften sich im rasanten Tempo.

Eine Theorie, die besagte, daß Arten sich in neue Arten verwandeln, hatte drei Hürden zu überwinden. Erstens mußte sie sich gegen die Kirche und deren Schöpfungslehre behaupten und zweitens gegen die platonische Ansicht, daß hinter den einzelnen Arten ewige Ideen stehen. Zwar gab es Anhänger solcher Evolutionsvorstellungen, aber den Durchbruch schafften die Theorien nicht, weil ihnen eine dritte Hürde im Wege stand. Eine Theorie des Artenwandels mußte den Wandel der Arten plausibel erklären, am besten durch eine in der Natur aufgefundene Kraft.

Jean Baptiste de Lamarck in Paris war überzeugt, daß Organismen ihre im Laufe des Lebens erworbenen Eigenschaften an die Nachkommen vererbten. So sollte z. B. der lange Hals der Giraffe deshalb entstanden sein, weil die Vorfahren der Giraffen ihren Hals weit reckten, um Blätter in Bäumen zu erreichen und jede Generation durch Übung ein bißchen Halslänge hinzufügte. Eleganter war die Erklärung, die Darwin anbot: 1. Die Tier- und Pflanzenarten produzieren eine enorme Nachkommenzahl. Die Nachkommen sind oft verschieden voneinander, d. h., die Arten bringen fortlaufend ein Reservoir von Varianten oder Typen hervor. Dabei ist geschlechtliche Fortpflanzung wichtig, weil sie offenbar die Vielfalt der Varianten erzeugt. 2. Der größte Teil der Nachkommenschaft geht im Kampf ums Dasein unter, d. h. in der Auseinandersetzung mit Krankheiten, Klimabedingungen, Feinden, im tödlichen Wettbewerb um Nahrung, Lebensraum oder andere Ressourcen. Die Varianten, die jeweils am besten an ihre Lebensbedingungen angepaßt sind, überleben, d. h., sie werden auf natürlichem Wege ausgelesen. Der Mensch hat Haustierrassen und Kulturpflanzensorten kreiert, indem er Zuchtziele gesetzt und bestimmte Individuen zur Kreuzung ausgewählt hat. Arten in freier Natur züchten sich selbst. Unterschiedliche Individuen haben je nach Angepaßtheit an die Umweltbedingungen unterschiedlichen Fortpflanzungserfolg. Nichtangepaßte kommen erst gar nicht zur Reproduktion und verschwinden wieder. Evolution funktioniert also nach dem einfachen Prinzip der unterschiedlichen Fortpflanzungsraten von Individuen. Über den Zeitraum vieler Generationen häuft dieser Prozeß der natürlichen Auslese so viele ausgeprägte Unterschiede in den jeweils überlebenden Varianten an, bis neue Arten entstanden sind, die sich nicht mehr miteinander fortpflanzen.

Auf die Idee der natürlichen Auslese hatten ihn viele eigene Beobachtungen, aber auch die Ideen anderer gebracht. Den konservativen Nationalökonomen Thomas Malthus bewogen politische Motive, als er vor übertriebenen Almosen für die Armen warnte. Der Kern des Armutproblems liege im starken und stetigen Bevölkerungswachstum. Die Produktion an Nahrungsmitteln und anderen Ressourcen halte mit diesem nicht Schritt, die Folge seien erbitterte Verteilungskämpfe und Hungersnöte. Die öffentliche Unterstützung der Armen verschlimmere das Problem, da dadurch mehr Arme überlebten und sich vermehrten.

Darwin hatte nicht viel übrig für die Streichung der Unterstützung für die Armen, doch er dachte über etwas ganz anderes nach, und es fiel ihm wie Schuppen von den Augen, als er erkannte, daß genau dieser Kampf in der Natur stattfindet. Fast alle Arten erzeugen einen Riesenüberschuß an Nachkommen, von denen die meisten nicht überleben. Wenn eine einzige Seewalze 600 000 Eier legte – diese Zahl hatte er auf den Falkland Inseln ermittelt –, dann konnte nur eine Massenvernichtung verhindern, daß das Tier den Südatlantik überschwemmte. Krankheiten, Feinde, Kälte, begrenzte Nahrung und beschränkter Lebensraum beseitigen die meisten Nachkommen und lassen nur wenige überleben und sich fortpflanzen. An dieser Stelle ging Darwin noch einen Schritt weiter. Die natürliche Auslese würde im Laufe der Zeit Keile zwischen die überlebenden Varianten treiben und sie immer weiter auseinanderbringen, bis neue Arten entstanden waren.

Etwas fehlte lange Zeit in Darwins Artentheorie: Auf welche Weise hatte die natürliche Auslese zu dieser enormen Vielfalt an Arten, Gattungen, Familien, Ordnungen, Klassen und Stämmen geführt? Später erinnerte er sich noch genau an die Straße, die er früher einmal mit einer Kutsche befahren hatte, während ihm plötzlich die Lösung des Problems einfiel. Genauso, wie die moderne Wirtschaftsproduktion immer arbeitsteiliger wurde – mit immer mehr spezialisierten Berufen, Tätigkeiten, Vorgängen und Maschinen –, so sollte die natürliche Auslese unter den Pflanzen und Tieren zu einer Art physiologischer Arbeitsteilung führen. Eine geeignete Variante einer Art, ein bestimmtes Lebewesen, besetzte sofort eine sich bietende, passende Nische. Und Nischen gab es unzählige in der Umwelt, die zu erobern waren, man denke nur an die Galapagos-Finken.

Darwins Theorie von der natürlichen Auslese bot eine plausible Erklärung für viele Beobachtungen, wie die Ähnlichkeit (Verwandtschaft) ausgestorbener und heutiger Arten Südamerikas oder die Verwandtschaft der Tierwelt von Inseln mit der des nächstgelegenen Festlands. Sie konnte auch rudimentäre Organe erklären, wie etwa den rückgebildeten Beckengürtel der Wale, nämlich als Erbschaft von ihren vierbeinigen Landsäugetiervorfahren. Mit ihr ließen sich die Entwicklungsstadien der Embryonen der verschiedenen Tierarten deuten und Klassifikationsprobleme lösen. Elegant war auch die Deutung homologer Strukturen: Der Fledermausflügel, die Brustflosse eines Wales, das Bein eines Pferdes und der Arm eines Affen sind alle aus den gleichen Knochen aufgebaut, und sie sind alle aus dem gleichen uralten Reptilienbein entstanden, das die Säugetiere von den Reptilien geerbt haben.

Mit *On the Origin of Species* legte Darwin das Fundament für eine der mächtigsten und weittragendsten Theorien der Gegenwart. Die Erzeugung von Varianten innerhalb der Arten wurde später noch durch das Verständnis der Mutationen für die Evolution der Arten erweitert. Zufällige Änderungen der Erbinformation treten in meßbaren Häufigkeiten auf. In den 30er und 40er Jahren des 20. Jahrhunderts ließen sich Erkenntnisse der Genetik paßgenau in Darwins klassische Theorie einfügen, so daß sie zur *Neuen Synthetischen Theorie* erweitert wurde. Seither erlebt die Theorie einen steilen Aufschwung. Verschiedenste Phänomene in der Natur und seit jüngerer Zeit auch der Kultur und Gesellschaft werden evolutionstheoretisch gedeutet. Die Evolutionstheorie hat den Charme, verständlich und plausibel zu sein. Dabei besteht aber auch die Gefahr, daß sie blendet und über Probleme und Schwächen hinwegtäuscht.

Am 30. Juni 1860, ein halbes Jahr nach Erscheinen von *On the Origin of Species* fand die Versammlung der „British Association for the Advancement of Science" statt. Tagungsort war Oxford, Hochburg des Anglikanismus und Sitz von Bischof Samuel Wilberforce. Vielleicht wollte der Bischof mit einem Scherz die Stimmung auflockern, als er den glühenden Darwinanhänger Huxley unvermittelt fragte, ob er auf seiten seines Großvaters oder seiner Großmutter von einem Affen abstamme. Huxleys Antwort ging in Zwischenrufen und Lärm unter. Er habe geantwortet, sagte er später, lieber einen Affen zum Großvater haben zu wollen als einen Menschen, der eine ernsthafte wissenschaftliche Diskussion nur ins Lächerliche ziehe.

Im Jahr 1849 hatte der Missionar Thomas Savage in Westafrika den dritten Menschenaffen entdeckt – neben Schimpansen und Orang-Utan –, den riesigen, wilden und „unbeschreiblich bösartigen" Gorilla. Schon bald griff die Sensationspresse Reiseberichte mit Schauermärchen über frauenraubende Gorillas auf. In einem Vortrag hob der Anatom und Zoologe Richard Owen hervor, daß Affen niemals aufrecht stehen und gehen könnten und es schon allein deshalb unmöglich sei, daß Affen sich zum Menschen gewandelt hätten. Als Wombwells reisende Tiermenagerie erstmals 1855 der staunenden Menge ein lebendes Gorillaweibchen präsentierte, verstärkten die Diskussionen um die Abstammung des Menschen noch den Show-Effekt. Owen suchte fiebernd nach einem Merkmal, das den Affen eindeutig und unüberwindbar vom Geist- und Vernunftwesen Mensch unterschied, und was lag da näher, als im Gehirn danach zu forschen. Im Jahr 1857 behauptete er, einzig Menschen besäßen eine besondere Hirnstruktur, den Hippocampus minor. Zudem seien die Großhirnhälften beim Menschen erheblich größer als bei den Säugetieren. Der Mensch unterscheide sich vom Schimpansen so weitgehend wie der Schimpanse vom Schnabeltier. Dazu bemerkte Darwin kopfschüttelnd: „Ich möchte wissen, was ein Schimpanse dazu sagen würde?"

Thomas Huxley, „Darwins Bulldogge", wie man ihn nannte, biß sich daraufhin sozusagen in Owen fest und bezichtigte ihn des Meineides, als der seine Behauptung öffentlich wiederholte. Umgekehrt machte sich Owen über Huxley mit der Bemerkung lustig, Huxley sei ein „Befürworter der Abstammung des Menschen von einem mutierten Affen". Dabei war Owen durchaus nicht starrsinnig und nahm neue Erkenntnisse in seine Überlegungen auf. Ein paar Jahre später hielt er es für möglich, daß Arten aus anderen Arten „geboren werden", in vergleichbarer Weise, wie manche Tiere aus einfacheren, anders gebauten Entwicklungsstadien hervorgehen, z.B. Frösche aus Kaulquappen. Diese Ansicht erzürnte wiederum Reverend Gilbert Rorison. Der Pfarrer der Schottischen Episkopalkirche fragte Owen öffentlich, ob er etwa tatsächlich glaube, daß der Mensch einst „durch den Schoß einer Äffin" hervorgebracht wurde?

In seiner Schrift *On the Genesis of Species* machte sich der katholische Geistliche St. George Mivart über halbentwickelte Flügel lustig, die es ja nach Darwin gegeben haben müßte. Dessen Replik erschien in der neuen Ausgabe von *On the Origin of Species*. Organe könnten ihre Funktion wechseln. So wurden Schwimmblasen der Fische zu amphibischen Lungen, und Luftröhren der Gliederfüßer wurden zu häutigen Insektenflügeln. Was Mivart übersehen hatte: Die Vorläufer von Lungen, Augen oder Flügeln mußten nicht geatmet, gesehen oder geflogen haben. Darwin ließ ein Heer von Beispielen und Details aufmarschieren und zeigte, in welch überraschender Weise sich Organe und Extremitäten umgewandelt hatten.

Die Frage der Abstammung des Menschen war jedenfalls en vogue. Darwin verglich nun das emotionale Verhalten von Mensch und Tier. Missionare, Kolonialbeamte und Unternehmer in aller Welt schickten ihm Antworten auf seine Fragen, wie Menschen verschiedener Völker Freude, Trauer, Wut und Schmerz ausdrückten. Täglich erreichten ihn bündelweise Briefe von Züchtern, Landwirten, Volksstatistikern, Sammlern und Kolonisatoren. Gesellschaftliche Fragen zu „darwinisieren" wurde zu einer intellektuellen Mode. Berichte über Affenmähnen aus Ceylon und Kalkutta erreichten ihn, Bergwerkingenieure teilten ihm einheimische Sitten und Gebräuche aus Mittelamerika mit, Weinhändler in Portugal verfolgten schwanzlose Hunde, Lappen vermaßen Rentiergeweihe, Neuseeländer ergründeten den Schönheitssinn der Maoris, Missionare und Regierungsbeamte in Australien hatten plötzlich ein scharfes Auge für das Verhalten der Aborigines. Die Gesichtsmuskeln von Affen und Menschen erwiesen sich als auffallend ähnlich. Darwin war schon vor Jahren im Zoo in den Käfig eines Orang-Utan gestiegen, um dessen verschämten, gereizten oder fragenden Gesichtsausdruck aus der Nähe zu betrachten. Jetzt studierte er auch Hunderte Fotos von Schauspielern, Babys und Behinderten. Der Tabubruch durch die Lehre der Abstammung vom Tier lag in der ihr innewohnenden Konsequenz, der menschliche Geist habe sich aus dem des Wurms entwickelt – welch eine Niederträchtigkeit. Heute erscheint dieses damalige Tabu maßlos arrogant und chauvinistisch gegenüber Tieren.

Bald stellte alle Welt Darwin die Gretchenfrage, wie er es denn mit der Religion halte. *On the Origin of Species* habe überhaupt keinen Bezug zur Theologie, beschied er beispielsweise dem Prälaten Pusey, obwohl sein eigener Glaube an einen persönlichen Gott damals, als er es schrieb, so fest gewesen sei wie der von Dr. Pusey selbst. Ob er an Gott glaube? Er empfinde noch immer eine tiefe Ungewißheit. „Ich glaube, daß es im allgemeinen (und mit zunehmendem Alter immer mehr), aber nicht immer die zutreffende Beschreibung meiner Gesinnung wäre, mich als Agnostiker zu bezeichnen."

In den letzten Monaten experimentierte er fast spielerisch mit Regenwürmern, die er in Töpfen in seinem Arbeitszimmer hielt. Darin war Darwin wirklich groß: Er fügte nicht nur alle zur Verfügung stehenden Beobachtungen für eine Welttheorie zusammen, dachte nicht nur in kontinentalen Dimensionen, sondern hatte immer auch einen scharfen Blick für das einzelne. So, wie er sich in die Spezialuntersuchung der Rankenfüßer vertieft hatte, in die Untersuchung kletternder oder fleischfressender Pflanzen oder der Orchideenblüten, so gab er sich nun der Erforschung der Regenwürmer hin. Und dann fehlte natürlich nicht der Hinweis auf die weltbewegende Leistung der Regenwürmer, die seit Jahrmillionen, lange bevor es den ersten Pflug gab, die Erde durchmischen und -pflügen.

Alt geworden, hatte er ein Foto seiner verstorbenen Tochter Annie und Emmas alten Brief vor ihrer Hochzeit auf seinem Tisch. Er betrachtete immer wieder das Bild und las immer wieder den Brief. Der Todeskampf im April 1882 dauerte mehrere Tage, Aufgeben und Aufleben wechselten einander ab. Der Präsident der Royal Society und Freunde traten dafür ein, daß sein Leichnam in der Westminster Abbey beigesetzt wurde. Ein Abgeordneter brachte eine Petition auf den Weg. Eine Pressekampagne schloß sich an – freilich nicht ohne an den Nationalstolz zu appellieren. Ein Graf und zwei Herzöge als Repräsentanten der Regierung trugen den Sarg zum Denkmal Newtons. Das Staatsbegräbnis in der Westminster Abbey, so meinen die Darwin-Biographen Desmond und Moore, markiere die Machtergreifung der Händler auf dem Markt der Natur, der Wissenschaftler und ihrer Günstlinge in Politik und Religion.

*„Ich bin überzeugt, daß es nicht lange dauern wird,*
*da die ganze Welt die Ergebnisse dieser Arbeiten*
*anerkennen wird."*

## Gregor Mendel (1822–1884)

Im Saal des Klosters findet die feierliche Einkleidung der Novizen statt. Die jungen Männer sind bereit, nach den Regeln und Zielen der Klostergemeinschaft zu leben. Der kranke Abt ermutigt sie in seiner Ansprache und blickt in seiner Rede, die Nähe des Todes schon spürend, auf sein Leben zurück: „Wenn ich auch manch bittere Stunden in meinem Leben mit erleben mußte, so muß ich doch dankbar anerkennen, daß die schönen, guten Stunden weitaus in der Überzahl waren. Mir haben meine wissenschaftlichen Arbeiten viel Befriedigung gebracht, und ich bin überzeugt, daß es nicht lange dauern wird, da die ganze Welt die Ergebnisse dieser Arbeiten anerkennen wird." Einige der Novizen schauen mit fragender Miene auf. Der Abt hat in früheren Jahren im Klostergarten Experimente durchgeführt und sich einen Namen im *Naturforschenden Verein* gemacht. Aber was meint Pater Gregor damit, daß die ganze Welt die Ergebnisse dieser Arbeit anerkennen wird?

In den folgenden Wochen zieht sich der Abt von allen öffentlichen Aufgaben zurück. Er leidet unter Herzschwäche, Nierenentzündung und Ödemen. In seinen Beinen hat sich soviel Wasser gesammelt, daß es ihm aus den Füßen rinnt. Mehrmals täglich müssen die Fußbinden gewechselt werden. Am 6. Januar 1884 lobt ihn die Pflegeschwester, daß seine Binden fast trocken sind. „Ja, es ist schon besser", bemerkt er teilnahmslos. Am selben Tag findet sie ihn tot auf dem Sofa sitzen. Ein Klosterfunktionär erklärt, er habe sich dem Abt gegenüber verpflichten müssen, dafür zu sorgen, daß sein Leichnam obduziert wird, um die Diagnose abzusichern – und aus Angst vor dem Scheintod. Drei Tage später wird er nach dem Requiem in der Gruft des Augustinerstiftes beigesetzt.

Um die gleiche Zeit hat in Amsterdam Hugo de Vries mit Kreuzungsexperimenten an Pflanzen begonnen. Jahre später kreuzt er zwei Sorten Bohnen und stellt bestimmte Regelmäßigkeiten bei der Vererbung der Blütenfarbe fest. Als de Vries um 1900 seine Veröffentlichung vorbereitet, stößt er auf einen Aufsatz von 1866: *Versuche über Pflanzen-Hybriden* von Gregor Mendel. Pech für de Vries: Der Augustinerpater hat 34 Jahre vor ihm die Vererbungsregeln gefunden. Im selben Jahr machen noch zwei weitere Wissenschaftler die gleiche Entdeckung: Carl Correns in Tübingen, der die Bezeichnung *Mendelsche Regeln* einführt, und der Österreicher Erich von Tschermak. Drei Botaniker bestätigen also Mendels Ergebnisse und erkennen deren Bedeutung. Bald gilt Mendel als Begründer der klassischen Genetik.

Hinter den Mauern des Augustinerklosters im mährischen Brno (Brünn) in der Tschechischen Republik liegt im Winkel zweier Gebäudeflügel ein kleiner Garten. Hier, auf ganzen 7 x 35 Metern züchtet Mendel in den Jahren von 1856 bis 1863 seine berühmten Erbsen. In Kreuzungsexperimenten führt er an 22 Erbsensorten, die er in Vorversuchen ausgewählt hat, Hunderte künstliche Befruchtungen herbei und zieht bis zu 40 000 Pflanzen. Geschätzte 350 000 Erbsensamen muß er sortieren. Akribisch beschreibt er seine Kreuzungsversuche, die Ergebnisse wertet er mit bestechender Logik aus. Seine Veröffentlichung schickt er an größere Bibliotheken, Forschungsvereine und Wissenschaftler. Niemand versteht die Ergebnisse richtig, niemand erkennt, daß die Regeln allgemeingültig sind. Später zweifelt er selbst daran. Doch der Augustinermönch ahnt die Bedeutung seiner wissenschaftlichen Arbeiten und ist enttäuscht, als ihm die Anerkennung hierfür versagt bleibt.

Im nordöstlichen Mähren, das seit Jahrhunderten sowohl von Tschechen als auch von Deutschen kulturell geprägt wurde, östlich von Olomouc (Olmütz) liegt das Kuhländchen. Ein Teil des fruchtbaren, leichtgewellten Hügellandes, in dem man eine für Fremde schwer verständliche deutsche Mundart sprach, gehörte zu Österreich. Über das Dörfchen Hyncice (Heinzendorf) hieß es 1817: „Heinzendorf ... hat 71 Häuser, 102 Familien und 479 Seelen, besitzt 665 Joch an mittelmäßigen Ackerland, 155 Joch Wiesen, an Pferden 41 Stück und an Kühen 98 Stück ..." Haus Nr. 58

*Gregor Mendel*

war das schiefergedeckte, einstöckige Elternhaus. Vier Zimmer: ein steingepflasterter Vorraum, Flur, Küche, Stube. Neben dem Kachelofen war ein Ziegel in die Wand eingemauert: DEIN WILLE GESCHEHE. Der Vater Gregor Mendels, aus dem Krieg gegen Napoleon zurückgekehrt, bestellte als Kleinbauer seinen Acker. Die Bauernwirtschaft bestand aus 30 Joch (1 Joch sind zwischen 3000 und 6500 m²) hügeligem Ackerland und Wiesen, zwei Ackerpferden, vier bis sechs Kühen und einem großen Obstgarten mit Bienenstöcken. In der Linie der Mutter gab es den ersten Lehrer des Dorfes. Die Eltern hatten das gemauerte Haus anstelle eines baufälligen Holzhauses errichtet. Zwei von ihren fünf Kindern starben als Babys.

Im fernen Wien residierte Kaiser Franz I., und Fürst Metternich führte die Regierungsgeschäfte im Interesse der adeligen

Gutsbesitzer, als am 22. Juli 1822 ein Sohn geboren wurde. Er wurde auf den Namen Johann getauft – und sollte erst mit dem Eintritt ins Kloster den Namen Gregor erhalten. Der Vater mußte wöchentlich drei Tage unentgeltlich Frondienst für die Gutsherrschaft leisten. Ein karges, frommes Leben. Er züchtete Obstbäume, indem er Reiser edler Sorten aufpfropfte. Der aufgeweckte Johann schaute zu und machte es ihm nach.

Auch Pfarrer Schreiber war ein begeisterter Pomologe (Apfel- und Obstexperte) und erkannte Johanns Neigung für die Naturwissenschaft und seine Intelligenz. Der Pfarrer, der Lehrer und seine Mutter überzeugten den Vater, dem Jungen eine höhere Bildung zu ermöglichen. Nach der dritten Klasse an der Hauptschule in Lipnik (Leipnik) kam Johann aufs Gymnasium im 36 km entfernten Opava (Troppau). Er wohnte in einer Unterkunft mit halber Kost, weil die Eltern nicht das ganze Schulgeld aufbringen konnten. Nicht selten litt er unter Hunger. Manchmal brachten Fuhrleute Brot und Butter von seinen Eltern mit. Mit 16 Jahren mußte er ganz allein für sich sorgen. Er legte eine Prüfung zum Nachhilfelehrer ab und verdiente durch Nachhilfestunden seinen knappen Unterhalt. Im August 1840 schloß er mit „hervorragend" das sechsklassige Gymnasium ab. Da er ein Universitätsstudium anstrebte, wechselte er für zwei weitere Jahre an das Philosophische Institut in Olomouc (Olmütz). Im ersten Jahr ging es ihm nicht gut. Er hatte zwar eine billige Unterkunft gefunden, aber es gelang ihm nicht, Privatunterricht zu erteilen. Längere Zeit war er krank und niedergeschlagen – vielleicht, so wurde spekuliert, infolge von Unterernährung oder Vitaminmangel. Im zweiten Jahr konnte er als Nachhilfelehrer ein wenig Geld verdienen.

Mittlerweile hatten es die Eltern schwer. Johanns Vater hatte 1838 einen schweren Unfall erlitten, ein Baumstamm war ihm auf die Brust gerollt, was offenbar zu inneren Verletzungen geführt hatte. Nach drei Jahren war er gezwungen, aufs Altenteil zu gehen. Er vermachte die Bauernwirtschaft dem Ehemann der älteren Tochter und verfügte, daß Johann, falls er nicht in den Priesterstand träte oder sonstwie existenzunfähig würde, Wohnung und ein Stück Land zur Nutzung erhalten sollte. Theresia, seine jüngere Schwester, verzichtete sogar auf einen Teil ihres Erbes, um dem Bruder die Fortsetzung des Studiums zu ermöglichen.

„Mit dem Aufwand aller seiner Kräfte" konnte er das Philosophische Institut absolvieren. Er schrieb, daß er sich „gezwungen sah, in einen Stand zu treten, der ihn von den bitteren Nahrungssorgen befreite". Seine Verhältnisse entschieden seine Standeswahl, wie er selbst meinte. Am 9. Oktober 1843 erhielt Johann seine Mönchskutte und den neuen Namen Gregor im Augustinerkloster zu Brno (Brünn), wo er bis zu seinem Ende leben und wirken würde.

Das Augustinerkloster war weniger ein Ort mönchischer Abgeschiedenheit oder Weltflucht. Es war vor allem eine Stätte des Studiums der Klassiker, der Sprach- und Naturwissenschaft, der Künste und Ort einer Gemeinschaft. Der Abt war Dozent für orientalische Sprachen, die Mehrzahl der 12 Patres war wissenschaftlich, künstlerisch oder pädagogisch tätig, auch außerhalb von Brno. Es gab eine Bibliothek mit ca. 20 000 Bänden, die laufend ergänzt wurde, ein Herbarium, meteorologische Meßinstrumente, und der verstorbene Pater Aurelius Thaler hatte einen Klostergarten hinterlassen. Günstige Bedingungen für geistige, nicht nur geistliche Interessen. Franz Bratranek, ein Mitbruder und Professor für deutsche Literatur, machte Mendel mit Goethes Naturwissenschaft bekannt. Des weiteren befanden sich ein bedeutender Musiker und ein Philosoph und Schriftsteller unter den Brüdern. Der Tagesablauf war außer an hohen Feiertagen immer der gleiche: um halb sechs aufstehen, ministrieren oder die Messe lesen, frühstücken (Wasser und Brot), um acht Uhr Brevier beten, von neun bis zwölf Studien in der Bibliothek oder der Kammer, um zwölf Uhr großes Mittagessen und Zusammensein, von zwei bis drei Brevier beten und von drei bis sieben frei für Studien oder anderes, Abendessen um sieben Uhr, danach Lesen. Bruder Gregor war glücklich, von existenziellen Sorgen befreit zu sein, er studierte mit „Lust und Liebe".

Nach dem Probejahr des Noviziats studierte er vier Jahre Theologie, im zweiten Studienjahr hörte er auch Vorlesungen über Landwirtschaftslehre, Obst- und Weinbau. Am 6. August 1847, noch ein Jahr vor Abschluß des Studiums, wurde Mendel vorzeitig, aufgrund von Engpässen in der Seelsorge, zum Priester geweiht. Als er im folgenden Jahr für die Krankenhausseelsorge bestellt war, fühlte er sich der Aufgabe nicht gewachsen und erkrankte an einem Nervenleiden. Der Prälat reagierte richtig, entließ ihn aus der Seelsorge und besorgte ihm eine Anstellung als Hilfslehrer für Mathematik und Literatur am Gymnasium von Znojmo (Znaim). Er erwies sich als fähiger Pädagoge, so daß die Leitung des Gymnasiums ihm eine reguläre Lehrerstelle für Naturgeschichte und Physik in Aussicht stellte. Hierfür war das Staatsexamen für das Lehramt erforderlich, das Mendel offenbar wegen der hohen nervlichen Belastung nicht bestand. Sechs Jahre später, als er erneut antrat, erlitt er einen Nervenzusammenbruch und gab auf – als hätte das Schicksal einfach etwas anderes als Lehrer mit ihm vorgesehen. Der Prälat schickte ihn zum Physikstudium, das auch Chemie und Biologie umfaßte, an die Universität Wien. Nach vier Semestern kehrte er nach Brno zurück und wurde ein Jahr später Hilfslehrer an der Deutschen Staatsrealschule. Bei den Schülern galt er als liebevoll, gewissenhaft und anspruchsvoll.

Im Jahr 1854 begann er mit seinen berühmt gewordenen Versuchen. Von reisenden Samenhändlern kaufte er 34 Erbsensorten, züchtete sie über zwei Jahre und erhielt 22 reinerbige Sorten. Mit diesen Erbsen führte er sieben Jahre lang Kreuzungsversuche durch.

Mischlinge haben seit jeher besondere Aufmerksamkeit auf sich gezogen. In früheren Zeiten galten Bastarde zuweilen als Werke des Teufels, da etwas unerwartet Neues entstanden war, das gegen die gewohnte Ordnung verstieß. Manchmal glaubte man, eine neue Art entdeckt zu haben, doch in Wirklichkeit handelte es sich um einen Mischling. Von einigen Paradiesvögeln von Neuguinea und den benachbarten Südseeinseln kannte man einige Arten nur in einem einzigen Exemplar. Dann stellte sich heraus, daß ein solcher Paradiesvogel ein Mischling zweier Arten war. Bekannt sind Maultier und Maulesel als unfruchtbare Mischlinge zwischen Pferdestute und Eselhengst bzw. zwischen Eselstute und Pferdehengst. Maultier und Maulesel lassen sich gut unterscheiden und sind daher ein Beispiel dafür, daß in manchen Fällen umgekehrte (reziproke) Kreuzungen zu unterschiedlichen Nachkommen führen. Aus Zoos sind Bastarde von Tierarten bekannt geworden, die sich in ihren natürlichen Lebensräumen nicht paaren: Löwe und Tiger, Pferd und Zebra, Pavian und Meerkatze oder Ibis und Löffelreiher.

Bei allen Erfolgen in der Züchtung schien die Vererbung der Merkmale verwirrend. Mal wurden Merkmale auf die Nachkommen weitervererbt, mal verschwanden sie, um in späteren Generationen plötzlich wieder aufzutauchen, mal schienen sich die Merkmale der Eltern zu mischen. Wie, lautete die Frage, werden Merkmale vererbt, lassen sich Regelmäßigkeiten feststellen? Darwin und andere Forscher der Epoche vertraten die Auffassung, daß sich die Erbsubstanzen der Eltern bei der Befruchtung vermischen, ganz ähnlich wie man Rotwein mit Weißwein zu einem Rosé verschneiden kann. Man sprach von „blending inheritance".

Die Frage der Vererbung von Merkmalen stand im engen Zusammenhang mit dem grundlegenden Problem der Entstehung von Arten. Carl von Linné wollte letztlich Gottes Schöpfungsplan rekonstruieren, als er sein System der Natur entwarf, in das er alle Arten nach Ordnungsprinzipien einsortierte, so viele Tier- und Pflanzenarten wie von Gott einzeln erschaffen worden waren. Später ergänzte er, daß durch Hybridisierung (Bastardisierung) neue Arten hinzukommen können. Auf diese Weise sollte Gottes Schöpfen fortdauern. Hier kündigte sich bereits die Artenfrage an: In welchen Grenzen verändern sich Arten? Wo hören Rassen, Varietäten auf, wo beginnt eine neue Art? Und wie entstehen neue Arten? Zu Mendels Zeit Mitte des 19. Jahrhunderts erlebte die Erforschung der Merkmale – heute spricht man von Merkmalsgenetik – einen Aufschwung. Dabei lassen sich zwei Richtungen unterscheiden: zum einen die Forschung über Artbastarde zur Klärung der Artenfrage und zum anderen die Züchtungsforschung vor allem an Kulturpflanzensorten in Landwirtschaft und Gartenbau.

Eines der großen Geheimnisse, das erst im 18. Jahrhundert gelüftet wurde, war die Sexualität der Pflanzen. Die Schrift des Tübinger Botanikers Rudolph Camerarius von 1694 über die Geschlechtlichkeit der Blütenpflanzen war weitgehend unbeachtet geblieben. Im Berliner Botanischen Garten bewies Johann Gottlieb Gleditsch 1750 die Sexualität bei Dattelpalmen durch deren Bestäubung. Joseph Koelreuter wies danach nicht nur erneut die Zweigeschlechtlichkeit der Pflanzen nach, sondern führte auch Kreuzungen zur Erforschung der Hybriden durch. Allerdings hat niemand vor Mendel einen streng definierten Versuchsaufbau gewählt und die Verteilung einzelner Merkmale auf die Nachkommen mit Zahlen ausgewertet.

Wirtschaft und Handel waren längst an brauchbaren Erkenntnissen interessiert. Die Preußische Akademie der Wissenschaften in Berlin schrieb 1819 die Preisfrage aus: Gibt es eine Bastardbefruchtung im Pflanzenreich? Im Jahr 1830 faßte man in Holland die Frage präziser und vor allem praktischer: „Was lehrt die Erfahrung hinsichtlich der Erzeugung neuer Arten und Abarten durch die künstliche Befruchtung von Blüten mit den Pollen der anderen, und welche Nutz- und Zierpflanzen lassen sich in dieser Weise erzeugen und vervielfältigen?" Karl Gärtner versuchte sich an der Frage und veröffentlichte 1849 ein Buch über seine ausufernden Arbeiten. Auch er konnte die Vererbungsregeln nicht entdecken, weil er seine Untersuchung nicht beschränkte. Eine allgemeine Fragestellung schien eine Einengung der Untersuchung auf einzelne Merkmale einer Pflanzenart nicht zu erlauben. Die französische Akademie der Wissenschaften richtete im Jahr 1861 ein Preisausschreiben auf die Lösung der praktischen Aufgabe aus: „Studien an Pflanzenhybriden unter dem Gesichtspunkt ihrer Fruchtbarkeit und des Erhalts ihrer Merkmale". Der Pariser Charles Naudin erkannte wie Mendel die Uniformitätsregel sowie das Aufspalten der Merkmale (s. u.). Jedoch gab er keine genauen Werte an, wie dies Mendel tat.

„Was vererbt und wie?" – so brachte der Prälat des Augustinerklosters die Hybridenfrage auf den Punkt. Mendel ging streng methodisch vor; die Planung seiner Experimente gilt auch heute noch als mustergültig und trug maßgeblich zum Erfolg bei. Es ist auch gut möglich, daß Mendel bereits eine Theorie über die Vererbung im Kopf hatte, die er in der Praxis prüfen wollte. Der erste wichtige Schritt bestand darin, daß er sich für nur eine Pflanzenart als Versuchsobjekt entschied und nicht für mehrere Pflanzenarten. Der zweite Schritt lag darin, daß er mit reinerbigen Sorten begann. Zu diesem Zweck züchtete er in Vorversuchen 34 Erbsensorten, von denen sich 22 Sorten in besonderen Merkmalen als beständig erwiesen. Die 22 Sorten unterschieden sich in sieben Merkmalspaaren:
• runde Samen oder runzlige oder kantige Samen
• gelbe Keimblätter oder grüne Keimblätter
• weiße Samenschale oder graue Samenschale
• einfach gewölbte reife Hülse oder eingeschnürte reife Hülse
• grüne unreife Hülse oder gelbe unreife Hülse

- achsenständige Blüten oder endständige Blüten
- lange Blütenachse oder kurze Blütenachse.

Jetzt hatte er seine Versuchspflanzen: Erbsensorten mit konstanten Merkmalen, d.h. reinerbige Sorten. Die Merkmale, die er verfolgen würde, standen fest. Jetzt mußte er nur noch gezielte Kreuzungen herbeiführen und schauen, wie sich die Merkmale unter den Nachkommen verhalten. Zwecks künstlicher Bestäubung entfernte er vor der Blüte die Staubblätter und übertrug Pollen einer anderen Pflanze mit Hilfe eines Pinsels auf die Narbe. Dabei soll er einmal bemerkt haben: „Meine Aufgabe ist es eben, zu kopulieren." Anschließend schützte er die Narbe mit einer Stoff- oder Papierhülle vor einer weiteren Pollenübertragung. Alle Kreuzungen führte er auch umgekehrt (reziprok) durch.

In einer ersten Versuchsreihe kreuzte er Pflanzen, die sich in einem Merkmalspaar unterschieden, z.B. Pflanzen, die runde Samen hervorbrachten, mit solchen, die kantige Samen produzierten. Ergebnis: Alle Nachkommen hatten runde Samen. Mendel unterschied deshalb einen dominanten Erbgang von einem intermediären. Im dominanten Erbgang wird das dominante Merkmal ausgeprägt, dies bedeutet, daß sich der zugrundeliegende Erbfaktor gegen den anderen durchsetzt. Kreuzt man z.B. eine reinerbig rotblühende Erbse mit einer reinerbig weißblühenden, dann blühen alle Nachkommen rot. Die Nachkommen erhalten vom einen Elternteil den Erbfaktor für das Merkmal rot, vom anderen den für das Merkmal weiß. Die Nachkommen sind also mischerbig, man nennt sie Hybriden. Weil der Erbfaktor für rot über den für weiß dominiert, blühen alle Hybriden rot.

Im intermediären Erbgang dagegen bilden die Hybriden ein Merkmal aus, das als ein neues Merkmal zwischen den elterlichen Merkmalen liegt. Kreuzt man z.B. eine reinerbig rotblühende Japanische Wunderblume mit einer reinerbig weißblühenden, so erhält man Hybriden, die rosa blühen. Die erste Mendelsche Regel lautet daher: Kreuzt man zwei reinerbige Sorten, die sich in einem Merkmal unterscheiden, dann sind die Hybriden der ersten Tochtergeneration untereinander gleich (*Uniformitätsregel*). Die Hybriden zeigen entweder das dominante Merkmal des einen Elternteils oder ein intermediäres.

Mendel kreuzte die Hybriden der ersten Tochtergeneration weiter. Zum Beispiel erzielte er aus 258 mischerbigen Pflanzen der ersten Tochtergeneration 8023 Samen. Nach der Keimung zählte er aus, daß 6022 Keimlinge gelbe und 2001 grüne Keimblätter hatten, ein Verhältnis von 3,01 zu 1. In allen Versuchsreihen gelangte er zu ähnlichen Ergebnissen, mit dem mittleren Verhältnis 3:1 im dominanten Erbgang. Im intermediären Erbgang traten drei Typen auf: Die Hälfte der Hybriden zeigte das bekannte intermediäre Merkmal, und je ein Viertel zeigte das Merkmal der reinerbigen Großeltern. Die drei Typen traten mengenmäßig im Verhältnis 1:2:1 auf. Die zweite Mendelsche Regel heißt *Spaltungsregel* und besagt, daß sich die Hybriden in der zweiten Tochtergeneration auf drei Typen im Verhältnis 1:2:1 aufspalten. Sie gilt auch für den dominanten Erbgang, doch treten hier nur zwei Typen in Erscheinung. Im Beispiel der rotblühenden und weißblühenden Erbsen erhält man in der zweiten Tochtergeneration drei Viertel rotblühende und ein Viertel weißblühende, daher das Verhältnis 3:1 zwischen den beiden Erscheinungstypen (Phänotypen). Die Rotblühenden gehören jedoch zwei verschiedenen genetischen Typen (Genotypen) an, sie sind entweder reinerbig Rotblühende oder mischerbig Rotblühende, die man äußerlich nicht unterscheiden kann. Wenn die Hybriden der ersten Tochtergeneration die Erbfaktoren A + a besitzen, erhält man das Ergebnis der Spaltung durch $(A + a) \times (A + a) = (A + a)^2 = AA + 2Aa + aa$, also das Verhältnis 1:2:1.

Nach Versuchen mit Erbsen, die sich in zwei Merkmalspaaren unterschieden, spaltete sich die zweite Tochtergeneration im dominanten Erbgang auf vier Typen im Verhältnis 9:3:3:1 auf. Mendel kam zu dem Ergebnis, daß es im dominanten Erbgang bei n verschiedenen Merkmalspaaren $2^n$ Kombinationen geben müsse. Da er für seine Versuche sieben Merkmalspaare ausgewählt hatte, sollten $2^7 = 128$ Kombinationen möglich sein. Tatsächlich erhielt er diese Anzahl nach wiederholten Kreuzungen. Daraus schloß er, daß alle Merkmale einzeln und unabhängig voneinander vererbt werden.

Die dritte Regel heißt *Regel von der Neukombination der Gene*: Kreuzt man Sorten, die sich in zwei oder mehr Merkmalspaaren unterscheiden, dann werden die einzelnen Merkmalspaare unabhängig voneinander vererbt. Jedes Merkmalspaar folgt dabei der Spaltungsregel. Die Merkmalspaare sind frei miteinander kombinierbar.

Die dritte Mendelsche Regel gilt jedoch nur eingeschränkt. Wie sich später zeigen sollte, gilt sie nur für Erbfaktoren (Gene), die auf verschiedenen Chromosomen liegen. Denn es werden nicht einzelne Gene, sondern Chromosomen, gleichsam Riesenpakete mit vielen Genen, an die Keimzellen und die nächste Generation weitergegeben. Daher werden die Gene eines Chromosoms gekoppelt vererbt. (Das Prinzip der Genkoppelung wird dann wieder durch Chromosomenteilaustausche durchbrochen.) Mendel hatte Glück. Die Erbfaktoren der von ihm ausgewählten sieben Merkmale liegen zufälligerweise auf den sieben verschiedenen Chromosomen der Erbse und werden daher unabhängig voneinander vererbt.

Mendel hatte damit auch aufgedeckt, daß die Erbfaktoren Teilchen waren. Dies war revolutionär, faßte man doch im 19. Jahrhundert Erbfaktoren überwiegend als Flüssigkeiten auf, die sich mit fließenden Übergängen mischten. Jetzt gab es einzelne Partikel oder Elemente, die von den Eltern auf die Nachkommen übertragen wurden, sich trennten und sich frei kombinierten. Damit hatte er zugleich Regeln der Kombinatorik oder Statistik in der Vererbung gefunden. Anfang des 20. Jahrhunderts revolutionierte Hugo de Vries das Konzept von den Erbfaktoren erneut, als er in seiner Mutationstheorie (1901–1903) behauptete, daß Erbfaktoren nicht unveränderlich sind, sondern sich spontan und sprunghaft ändern können. 1909 nannte der dänische Biologe Wilhelm Johannsen die Elemente oder Erbfaktoren Gene.

Mendels kluge Versuchsplanung kann als mustergültig gelten, weil sie zeigt, daß eine komplexe und allgemeine Frage durch Vereinfachung der Fragestellung bzw. Isolierung einzelner Fragen gelöst werden kann. Hinzu kam die Einführung der quantitativen Methode, das genaue Auszählen einzelner Ergebnisse und die Anwendung von Statistik. Und doch steckte auch ein kleiner Betrüger in der Mönchskutte. In einigen Fällen hat Mendel seine Zahlen tatsächlich frisiert, damit sie genauer den Regeln entsprachen. Das deckte im Jahr 1936 der Statistiker Sir Ronald Fisher auf. Zu dem Zeitpunkt waren die Vererbungsregeln längst bestätigt worden, so daß die Manipulation ihre grundsätzliche Richtigkeit nicht mehr in Frage stellte. Zur Erklärung, nicht zur Rechtfertigung dieses Betrugsmanövers läßt sich sagen: Mendel war von der Regelmäßigkeit so überzeugt, daß er Abweichungen in den

Resultaten offenbar eingeschlichenen Fehlerquellen zuschrieb und sie unterschlug.

Endlich kam Mendels große Stunde. Am 8. Februar 1865 hielt er vor rund 40 Zuhörern des von ihm mitgegründeten *Naturforschenden Vereins* in Brno seinen ersten Vortrag über seine Kreuzungsversuche. Über die Erklärung für das Aufspalten der Hybriden sprach er auf der nächsten Monatssitzung. Man kann darüber spekulieren, warum die Bedeutung der Forschungsarbeit nicht erfaßt wurde. Mendels Schlußfolgerung partikulärer, diskreter Erbfaktoren, die weitergegeben und frei miteinander kombiniert werden, widersprach der Vorstellung fließender Übergänge wie bei Flüssigkeitsmischungen. Auch der ungewöhnlichen Methode des Auszählens und Kombinierens stand man vielleicht skeptisch gegenüber. Und dann kam etwas erschwerend hinzu.

Ende 1866 erschien der berühmte Aufsatz *Versuche über Pflanzen-Hybriden* in den *Verhandlungen des Naturforschenden Vereins* in Brno. Mendel schickte einen Separatabdruck an Professor Carl von Nägeli in München. Von Nägeli, Experte auf dem Gebiet der Artbastardforschung, experimentierte schon seit Jahren mit Arten des Habichtskrauts (Hieracium). Den Professor interessierten Mischlinge zwischen wildwachsenden Arten, nicht jedoch Mischlinge zwischen Varietäten einer hochgezüchteten Kulturpflanze. Er wollte Beispiele für Artenwandel finden. Nach Mendels Befunden, vor allem nach den ersten beiden Regeln, kehrten die Nachkommen zu den elterlichen Formen zurück. Die erste und zweite Regel sprachen also für die Konstanz der Arten, und genau danach suchte von Nägeli nicht. Nach der dritten Regel, die am schwersten zu verstehen ist, treten Neukombinationen auf, das heißt Individuen mit einem neuen, einzigartigen Satz von Merkmalen. Das muß von Nägeli übersehen oder nicht erkannt haben. Übrigens schickte Mendel seinen Aufsatz auch Charles Darwin. Darwin konnte zwar ein wenig Deutsch, hat jedoch die Druckschrift nicht gelesen. Sie fand sich ungeöffnet in seinem Nachlaß. Dann der fatale Ratschlag: Von Nägeli empfahl Mendel, mit Habichtskräutern weiterzuarbeiten. Weil damals nicht bekannt war, daß Habichtskräuter auch ungeschlechtlich Samen hervorbringen, wurden in den folgenden Jahren Mendels Versuche verfälscht. Auch aus anderen Gründen waren diese Pflanzen ungeeignet und führten zu Problemen. Mendel war verwirrt und zweifelte an der Allgemeingültigkeit seiner Regeln. Als er 1868 zum Abt des Klosters gewählt wurde, brachte dies neue Aufgaben mit sich, und seine Zeit für Naturforschung war knapp. Drei Jahre später gab er enttäuscht die Versuche mit Habichtskraut auf.

Sein Interesse für Naturforschung war indes ungebrochen. Selbst seine Aufgaben als Abt und Prälat hinderten ihn nicht daran, ihm weiter nachzugehen. Er experimentierte mit vielen Pflanzenarten und bestätigte seine an der Erbse gefundenen Ergebnisse an Bohnen. Auf dem Klostergelände ließ er auf eigene Kosten ein großes Bienenhaus bauen. Über Jahre beschäftigte er sich intensiv mit der Verbesserung der Zucht und der Erforschung der Bienen. Schließlich war er amtlicher Wetterbeobachter und veröffentlichte neun meteorologische Aufsätze. Und noch etwas ganz anderes nahm ihn die letzten Jahre in Beschlag: Der Abt und Prälat lag jahrelang im Streit mit der Regierung über Steuerabgaben für das Kloster nach dem neuen Religionfondgesetz. Da sei die alte Hartnäckigkeit seiner Vorfahren wieder aufgeflammt, schrieb ein Biograph, die in Rechtsprozessen bis zum Kaiser gingen.

*„Dein Vater, sehr beschäftigt wie immer, spricht wenig
mit mir, schläft wenig, steht im Morgengrauen auf –
in einem Wort, er setzt das Leben fort, das ich mit ihm
heute vor 35 Jahren begonnen habe."*

Louis Pasteur (1822–1895)

Gestützt auf den Arm des französischen Präsidenten Sadi Carnot
und mit kleinen Schritten geht der alte Mann dem Ehrenzug voran. Alle haben sich erhoben im Amphitheater der Sorbonne, die
Dekane und Professoren in ihren Talaren, Repräsentanten der
Eliteschulen und wissenschaftlicher Gesellschaften, Mediziner
und Ärzte, Botschafter und Gäste aus dem Ausland. „Sie haben
den Schleier gelüftet", sagt der Edinburgher Arzt Joseph Lister,
„der während langer Jahrhunderte die ansteckenden Krankheiten
bedeckt hat, Sie haben ihre bakterielle Natur gefunden und nach-
gewiesen." Der Dekan der Medizinischen Fakultät intoniert:
„Glücklicher als William Harvey, der Entdecker des Blutkreislaufes, und Edward Jenner, der Erfinder der Pockenschutzimp-
fung, konnten Sie selbst den Triumph Ihrer Lehre erleben, und
welchen Triumph!" Die kurze Rede, die der Sohn anstelle des
schwachen 70jährigen Jubilars hält, lösen Rufe der Menge ab:
„Vive Pasteur!"

Pasteur steht im Zenit wissenschaftlicher und gesellschaftlicher
Anerkennung. Seit dem Triumph über die Tollwut 1885 feiert Paris, feiert ihn ganz Frankreich als seinen Helden. Mythos zeichnet
bereits seine Gestalt. Die Liste seiner Erfolge ist lang. Frankreichs
renommiertester Wissenschaftler hat Mittel gegen Geflügelcholera, Schweinerotlauf und Milzbrand entwickelt. Er hat die Seidenraupenkrankheit eingedämmt und einen ganzen Industriezweig
vor dem Untergang gerettet. Pasteur hat über Gärungsprozesse
aufgeklärt, die Wein-, Essig- und Bierherstellung verbessert und
die teilweise Entkeimung von Lebensmitteln zur Konservierung
erfunden, die nach ihm benannte Pasteurisierung. Seine wichtigste

*Louis Pasteur*

Erkenntnis kann in ihrer Bedeutung gar nicht hoch genug einge-
schätzt werden: Praktisch überall gibt es Keime oder Mikroorganismen – im Wasser, im Boden, in der Luft. Da sie in der Luft
schweben und sich auf alles absetzen, gelangen sie fast überallhin.
Einige sind Erreger ansteckender Krankheiten und Wunderkrankungen, die meisten Mikroorganismen jedoch sorgen für das Re-
cycling der Stoffe auf unserem Planeten.

Im Pasteur-Museum, das im *Institut Pasteur* in Paris unterge-
bracht ist, steht ein Flakon. Darin hängt an einem dünnen Draht
ein wenige Zentimeter langer Streifen von einem Wattestopfen
herab. Am Grund des Flakons liegen ein paar helle Brocken, das
ist alles. In diesem Gefäß stellten Pasteur und Emile Roux ihr

Mittel gegen Tollwut her. Der Streifen ist ein Stück Rückenmark, herauspräpariert aus einem infizierten Kaninchen. Es wurde im ausgeglühten Flakon einfach zum Trocknen aufgehängt. Ein paar Stückchen Ätzkali nahmen die Luftfeuchtigkeit auf. Das hochinfektiöse Nervengewebe verlor mit der Zeit an Ansteckungskraft. Eine Aufschwemmung davon, wiederholt unter die Haut gespritzt, schützte Menschen, die von einem tollwütigen Tier gebissen worden waren, vor dem Ausbruch der fatalen Krankheit.

Am 2. Mai 1885 erhält Pasteur ein Telegramm vom Direktor des Necker Hospitals. Ein Patient sei an Tollwut erkrankt. Ob er, Pasteur, der doch mit Tieren über Tollwut experimentiere, einen Rat wisse, fragt der Arzt. Die Medizin ist machtlos. Der 61jährige Girard hat bereits die typische Abneigung gegen Flüssigkeiten, obwohl er unter Durst leidet. Der Gang der Dinge scheint unausweichlich. Im letzten Stadium werden Schübe von Raserei mit Phasen hellwacher Todesangst abwechseln.

Der behandelnde Arzt ist einverstanden, daß man Girard einen Kubikzentimeter eines noch geheimen Präparates unter die Haut spritzt. Es handelt sich um Gehirnsubstanz eines mit abgeschwächten Erregern infizierten Kaninchens. Pasteurs Plan sieht vor, dem Mann sechs weitere Spritzen zu geben. Doch dazu kommt es nicht, denn der Direktor des Hospitals untersagt weitere Gaben. Am 8. Mai wird Girard als geheilt entlassen. Pasteur, brennend interessiert am weiteren Schicksal des Mannes, erfährt vom Krankenhaus nichts mehr über ihn. Ärztliche Schweigepflicht.

Ein paar Wochen später, am 22. Juni 1885, wird ein elfjähriges Mädchen ins Hospital St. Denis eingeliefert. Sie ist bereits vor sechs Wochen von einem tollwütigen Tier gebissen worden. Auf Vorschlag von Pasteur spritzt der Arzt sie mit einer Emulsion aus dem über sieben Tage konservierten Rückenmark eines infizierten Kaninchens. Am nächsten Morgen erliegt Julie-Antoinette Poughon der Tollwut. Die Öffentlichkeit erfährt hiervon nichts. Pasteur hält die Fälle Girard und Poughon geheim, denn er ist sich noch nicht sicher. Nach der Autopsie des Mädchens und der Übertragung von infiziertem Gewebe auf Tiere kommt er zu dem Ergebnis, daß die Erkrankung von Julie-Antoinette Poughon schon zu weit fortgeschritten war, um den Vormarsch des Virus ins Gehirn noch zu stoppen.

Die beiden Fälle hat der Pasteur-Forscher Gerald L. Geison von der Princeton University im Jahr 1995 nach der Auswertung von Pasteurs Laboraufzeichnungen bekannt gemacht. Pasteur schrieb ebenso akribisch wie geheim mehr als 100 Labornotizbücher voll. Er überließ es keinem anderen, die Versuchsaufzeichnungen zu führen. Seine Familie wies er an, sie niemandem zu zeigen. Im Jahr 1964 schenkte sein Enkel Dr. Pasteur Vallery-Radot sie zusammen mit Briefen und Manuskripten der französischen Nationalbibliothek. Nach seinem Tod 1971 wurde der Zugang zu ihnen freigegeben. Seit 1985 gibt es einen Katalog der Sammlung, doch es wird noch viele Jahre dauern, bis die zahlreichen Labornotizen, Briefe und Manuskripte entziffert und bearbeitet sind.

Geison kam nach dem Studium der geheimen Labornotizbücher zu dem Schluß, daß der Impfung von Girard und Poughon keine entsprechenden Tierversuche vorausgegangen waren. Es habe sich um echte Menschenversuche gehandelt. Pasteur verwendete zur Impfung von Girard und Poughon eine Emulsion aus getrocknetem Rückenmark eines Kaninchens, die er noch nicht an Tieren erprobt hatte. Bisher hatte er Hunden in Affen abgeschwächte Erreger gespritzt und damit zweifelhafte Resultate erhalten. Pasteur-Forscher Geison betont jedoch, Pasteur habe keinerlei ethische Prinzipien verletzt, weil das therapeutische Experiment mit todgeweihten Menschen klar zu rechtfertigen war.

Wie ein Lauffeuer verbreiten sich wenig später zwei glänzende Heilungsgeschichten, die Pasteur endgültig zum Besieger der Tollwut krönen. Am 6. Juli 1885 suchen eine Frau, ein Mann und ein übel verwundetes Kind aus dem Elsaß Pasteurs Labor auf. Der 9jährige Joseph Meister hat 14 tiefe Bißwunden am ganzen Körper und kann kaum laufen. Zwei Ärzte, die den Jungen untersuchen, halten es für höchst wahrscheinlich, daß Joseph an Tollwut erkranken wird. Am Abend desselben Tages erhält Joseph die erste von insgesamt 13 Spritzen. Es handelt sich um infiziertes Rückenmark eines Kaninchens, das seit 14 Tagen im Flakon getrocknet ist. Der Plan sieht vor, mit dem ältesten, also schwächsten Präparat zu beginnen und in regelmäßigen Intervallen eine frischere Lösung zu geben. Am 16. Juli erhält Joseph die letzte Spritze, und zwar Rückenmark eines Hundes, dessen Erreger nach einigen Passagen durch Kaninchen besonders virulent sind. Nach einer derartigen Gabe, bricht die Tollwut normalerweise innerhalb von 7 Tagen aus. Nicht so bei Joseph Meister, der nun immun gegen den Erreger ist.

Am 20. Oktober trifft der 15jährige Jean-Baptiste Jupille in Paris ein. Der Junge hat den Angriff eines tollwütigen Hundes auf sechs Kinder in letzter Sekunde abgewehrt, als er mit einer Peitsche auf den Hund losgegangen ist. Das kranke Tier hat ihn aber schwer verwundet, und am Ende eines blutigen Kampfes hat Jean-Baptiste es mit seinem Holzschuh erschlagen. Er erhält eine Reihe Injektionen mit Pasteurs Präparat, und ebenso wie Joseph Meister erkrankt er nicht. Jetzt geht Pasteur an die Öffentlichkeit und entfacht einen Sturm der Begeisterung.

Aus New York reisen Kinder an, für die das Geld für die Reise in einer spektakulären Spendenaktion gesammelt worden ist. Aus Smolensk kommen Russen, Opfer eines tollwütigen Wolfes, die sich Rettung von Pasteur erhoffen. Als drei der 19 geimpften Russen sterben, ist dies Wasser auf die Mühlen der Kritiker und Gegner, für die Mehrheit jedoch ein eindeutiger Erfolg. Erliegen bis 1885 durchschnittlich 12 Menschen jährlich in Pariser Krankenhäusern der Tollwut, so gibt es 1886 nur noch zwei Todesopfer, und die sind nicht behandelt worden. Kommissionen im In- und Ausland anerkennen seine Tollwutbehandlung. Der Grandseigneur der Wissenschaft steht bereits an seinem Lebensabend. Er ist einen langen Weg gekommen.

Louis Pasteur wurde am 27. Dezember 1822 in Dôle in Ostfrankreich westlich des französischen Jura geboren. Der Vater betrieb zu Hause eine Gerberei, die Mutter war die Tochter eines Gärtners. Die Familie zog bald nach Arbois, wo Louis aufwuchs. Der Vater, ehemaliger Oberfeldwebel in Napoleons Armee und mit dem Kreuz der Ehrenlegion ausgezeichnet, war zeitlebens stolz darauf, etwas für sein Land getan zu haben. Auch sein Sohn würde einmal das Große Kreuz der Ehrenlegion erhalten, nicht für militärische, sondern für wissenschaftliche Verdienste; ja, er würde sogar als Unsterblicher in die Académie Française eingehen. Der kleinbürgerlichen Welt entstammten die Werte, die Pasteurs Leben Maß gaben: Familiensinn, Fleiß, Sorge um finanzielle Sicherheit, moralische Verpflichtungen.

Louis tat sich in seiner Jugendzeit als talentierter Portraitmaler hervor. Ein paar Portraits sind im Museum Pasteur zu sehen. Doch das Malen führe nicht an die École Normale Supérieure, meinte der 17jährige in einem Brief an die Eltern, und sein Wunsch sei es, dort einen der vorderen Plätze einzunehmen. Die letzten zwei Schuljahre besuchte er eine Schule in Besançon und verdiente sich als Tutor Unterkunft und Verpflegung. Waren die Noten in Physik und Chemie mit 3 bzw. 4 ein kleiner Dämpfer, so war sein Rang 15 von insgesamt 22 als Ergebnis der Aufnahmeprüfung in Paris eine große Enttäuschung. Obwohl nicht durchgefallen, verbot sein Ehrgeiz es ihm, das Studium aufzunehmen.

Im selben Jahr 1842 fiel er durch die Aufnahmeprüfung an der École Polytechnique. Da besuchte er das Gymnasium Saint-Louis als Vorbereitung auf die École Normale Supérieure und erreichte im nächsten Jahr Rang 4 bei der Aufnahmeprüfung. In den fünf Jahren seines Studiums plazierte er sich als Drittbester in Physik und wurde Präparator in Chemie. 1847 wurde er zum Doktor der Wissenschaften promoviert.

Eines Tages im Jahr 1848 fand er nach einer Reihe von Experimenten, daß die Gesichtsfläche der Kristalle der Weinsäure stets nach einer Seite ausgerichtet war. Die Kristalle waren asymmetrisch. Die chemisch gleiche Traubensäure dagegen bestand aus zwei Sorten von Kristallen. Die einen waren identisch mit den Kristallen der Weinsäure, und die anderen sahen wie deren Spiegelbilder aus. Die beiden Kristallsorten glichen sich wie die linke und die rechte Hand. Pasteur hatte mit dieser Entdeckung ein neues Kapitel der Chemie aufgeschlagen, die *Stereochemie*, die Untersuchung der räumlichen Gestalt der Moleküle. Zur besseren Anschaulichkeit schnitzte er große Kristallformen aus Holz.

Weinsäure war ein Produkt der Weingärung. Und die Weingärung war nach seiner Überzeugung ein Lebensprozeß, und zwar der von lebenden Hefezellen. Da nahm eine Idee in ihm Gestalt an, die ihn zeitlebens nicht mehr losließ. Asymmetrische Moleküle schienen ihm charakteristisch für das Leben. Daher, folgerte er, müsse es eine „kosmische asymmetrische Kraft" geben.

Pasteur übertraf auf beängstigende Weise die Erwartungen seines Vaters. Zuviel arbeiten sei dann doch ungesund, er müsse mehr an die frische Luft, und ob er nicht einfacher Schullehrer auf dem Land werden wolle, am besten nicht weit von Arbois, gab der Vater zu bedenken. Der Vater – die Mutter war inzwischen verstorben – muß sehr glücklich gewesen sein, als Pasteur im September 1848 in den Schuldienst in Dijon eintrat. Es sollte allerdings nur für kurze Zeit sein. Nach drei Monaten erhielt er eine Anstellung als stellvertretender Professor für Chemie in Strasbourg. Dort lernte er Marie Laurent kennen und kam schnell zur Sache. Der 26jährige Ehrgeizling richtete einen galanten Brief an ihren Vater, den Rektor der Universität. „Monsieur, eine Frage von großem Gewicht für mich selbst wie für Ihre Familie wird sich Ihnen in wenigen Tagen stellen; ich glaube Ihnen die folgenden Auskünfte geben zu müssen, die Ihnen bei Ihrer Entscheidung, anzunehmen oder abzulehnen, dienen können." Pasteurs Familie lebe in solventen, doch sehr bescheidenen Verhältnissen, das Familienvermögen taxiere er auf 50000 Francs. Er habe entschieden, seinen Teil den drei Schwestern zu überlassen. Was er besitze, seien eine gute Gesundheit, ein gutes Herz und seine Stellung an der Universität. Er habe sich der chemischen Forschung verschrieben und den Ehrgeiz, nach Paris zurückzukehren, sobald er genügend wissenschaftliche Reputation gesammelt habe, vielleicht in 10 bis 15 Jahren (!).

An Marie Laurent schrieb er: „Alles, um das ich Sie bitte, ist, nicht zu schnell über mich zu urteilen. Sie könnten sich täuschen. Die Zeit wird Ihnen zeigen, daß unter einem kalten und ängstlichen Äußeren, das Ihnen mißfallen muß, ein Herz voller Zuneigung für Sie ist." Am 29. Mai 1849 war Hochzeit. Pasteur wußte, daß er seine Frau vernachlässigen würde. „Ich werde Dich der Nachwelt erhalten", sagte er. 35 Jahre später schrieb Marie Laurent an die Tochter: „Dein Vater, sehr beschäftigt wie immer, spricht wenig mit mir, schläft wenig, steht im Morgengrauen auf – in einem Wort, er setzt das Leben fort, das ich mit ihm heute vor 35 Jahren begonnen habe." Madame Pasteur arbeitete als seine Stenographin und Sekretärin und half, wo immer sie konnte. Emile Roux hielt sie für die wichtigste Mitarbeiterin Pasteurs.

1852 wurde Pasteur zum ordentlichen Professor ernannt, und zwei Jahre später kam er an die Universität Lille ins nordfranzösische Industriegebiet. Er besichtigte mit den Studenten metallurgische Fabriken in Belgien und unterrichtete Grundlagen und Techniken des Bleichens, der Zuckerraffination und der Alkoholfermentation. Als ihn der Chef einer Zuckerrübenfabrik um Rat fragte, weil es Probleme mit der Alkoholgärung gab, warf er sich in die Untersuchung der Fermentation.

1857 wurde er Direktor für Wissenschaften an der École Normale in Paris. Er führte einige Reformen durch und tat sich als durchsetzungsfähiger Organisator hervor, streng und zuweilen kompromißlos autoritär im Umgang mit Studenten. Im schlecht ausgestatteten Labor unter dem Dach konnte er nicht einmal aufrecht stehen, und im Sommer wurde es unerträglich heiß. Als er sich ein Labor in einem kleinen Pavillon am Eingang einrichtete, mußte er unter die Treppe kriechen, um zum Wärmeschrank zu gelangen. Jahre später wurde das Labor mit Unterstützung durch Kaiser Louis Napoléon ausgebaut. Von 1867 bis 1874 war Pasteur Professor für Chemie an der Sorbonne neben seiner Eigenschaft als Leiter des Labors für physiologische Chemie an der École Normale.

Seine Publikation von 1857 über die Milchsäuregärung, in der er seine Theorie von den Keimen vorstellte, gilt heute als Grundsteinlegung der Mikrobiologie. Die Aussagen lauteten: Fermentationen (Gärungen) werden von lebenden Keimen (Mikroorganismen) hervorgerufen. (Die zentrale Rolle der Mikroorganismen wurde später auf ihre Enzyme – das sind hochspezifische Wirkstoffe – eingeengt.) Die Keime sind mehr oder weniger überall in der Luft vorhanden. Für Alkohol-, Essig- oder Milchsäuregärung ist jeweils ein anderer Keim verantwortlich. Das Nährmedium fördert bestimmte Keime, andere hemmt es. Verschiedene Keime konkurrieren um einzelne Nährstoffe. Eine Gärung kann gestört werden, wenn ein anderer Keim auf den normalerweise vorhandenen zusätzlich einwirkt.

Diese letzte Erkenntnis führte zu revolutionären technischen Verbesserungen der Wein-, Essig- und Bierherstellung. In Experimenten hatte sich Pasteurs Methode bewährt, Keime auf natürlichen Substraten gleichsam auszusäen. Später kultivierte er Keime auch in mineralischen Lösungen, z.B. in einer Lösung aus Zucker und verschiedenen Salzen. Er entdeckte, daß einige Mikroorganismen nur in Gegenwart von Sauerstoff leben können, für andere Sauerstoff jedoch giftig ist. Er nannte sie aerobe bzw. anaerobe Mikroorganismen. Überdies fand er, daß bei der Alkoholgärung nicht nur Alkohol und Kohlendioxid entstehen, sondern auch die Nebenprodukte Glycerin, Succinat (Bernstein-säure), Spuren von Zellulose sowie fettige und unbekannte Substanzen. Mit diesen Ergänzungen war seine Theorie von den Keimen vollendet.

Im Hinblick auf die Bedeutung der Mikroorganismen ging Pasteur einen entscheidenden Schritt weiter, als er behauptete, Mikroorganismen riefen jegliche Vermoderung und Verwesung hervor. Er schrieb 1867: „Die Zersetzung toten organischen Materials ist eine der notwendigen Voraussetzungen für die Aufrechterhaltung des Lebens. (…) Es ist notwendig, daß das Fibrin unserer Muskeln, das Albumin unseres Blutes, die Gelatine unserer Knochen, der Harnstoff unseres Urins, das Lignin der Pflanzen, der Zucker der Früchte und die Stärke ihrer Samen (…) nach und nach in Wasser, Ammonium und Kohlendioxid umgewandelt werden, so daß die elementaren Bausteine dieser komplexen organischen Substanzen wieder von Pflanzen aufgenommen, neu aufgearbeitet werden und neuen Lebewesen als Nahrung dienen …" Die Tragweite dieser Aussage ist im 20. Jahrhundert deutlich geworden. Bakterien und kleinste Pilze beherrschen die großen Stoffkreisläufe der Erde. Sie setzen gigantische Mengen um. Sie produzieren aus Laub, Altholz, abgestorbenen Pflanzenteilen, Kadavern und Exkrementen fruchtbaren Boden. Mikroorganismen bauen ab und auf. Jede Art ist auf eine Stoffumsetzung spezialisiert. Die Vielfalt der Bakterien ist heute nur zu einem kleinen Teil bekannt. Laut Bo Barker Jørgensen, Direktor am Max-Planck-Institut für marine Mikrobiologie in Bremen, kennen wir vielleicht gerade einmal ein Prozent aller ihrer Arten.

Am Abend des 7. April 1864 betrat der Preisträger der Akademie der Wissenschaften die Bühne im Amphitheater der Sorbonne. Wissenschaftliche Abende für Öffentlichkeit und Gäste waren damals en vogue. Ganz Paris war gekommen, darunter die Schriftsteller Alexandre Dumas und George Sand sowie Prinzessin Mathilde Bonaparte. Pasteur leitete seinen geschliffenen Vortrag mit grundlegenden Fragen nach der Schöpfung des Lebens, nach dessen Konstanz und Wandel ein, um das Thema auf den Punkt zu bringen: „Kann Materie sich selbst organisieren? Mit anderen Worten, können Organismen ohne Eltern, ohne Vorfahren in die Welt kommen? Das ist die zu lösende Frage." Monsieur Pouchet behaupte, fuhr Pasteur fort, Keime entständen spontan aus toter Materie. Dazu habe er ein Experiment durchgeführt. Er habe einen Heuaufguß durch langes Kochen sterilisiert und ihn unter Quecksilber luftdicht abgeschlossen. Als er chemisch produzierten Sauerstoff hinzugab, seien plötzlich Keime aufgetreten. Welche Einwände, fragte Pasteur, ließen sich gegen das Experiment anführen? Wenn die Keime nicht spontan entstanden seien, woher seien sie dann gekommen? Aus dem Sauerstoff? Nein, denn künstlich hergestellter Sauerstoff enthalte keine Keime. Aus dem Heuaufguß? Nein, Pouchet habe ihn lange genug auf 100° C erhitzt. Doch etwas habe Pouchet übersehen, sagte er, während er das Amphitheater verdunkeln ließ. Ein Lichtstrahl durchquerte den Saal. Ob die Gäste den Staub in der Luft sehen? Er sei praktisch immer und überall in der Luft, und er enthalte winzige Keime, die sich überall absetzten – auch auf die Oberfläche von Quecksilber. Das Quecksilber habe Pouchets Heuaufguß kontaminiert.

Die Frage der Urzeugung war nicht nur eine wissenschaftliche Streitfrage, sondern auch von politischer Bedeutung. Naturphilosophen in Deutschland und Frankreich hatten die alte Vorstellung von der Urzeugung von Leben aus unbelebter Materie wieder ausgegraben. In Frankreich wurde die Idee der Urzeugung mit der von der Transmutation der Arten verbunden, also mit der zentralen Aussage der Evolutionisten. Für die katholische Kirche bedrohte die Evolutionstheorie ebenso den Glauben an den vorausschauenden Schöpfer wie die Theorie von der spontanen Entstehung von Leben aus Materie. Gegen die Verbreitung dieser gefährlichen Irrlehren zog die katholische Kirche zu Felde, die Louis Napoléon – den Präsidenten der Republik von 1848 und späteren Kaiser – unterstützte. In den 50er Jahren schlossen sich Kirche und politische Machthaber gegen Republikaner, Atheisten und Materialisten zusammen. Noch heftiger schlugen die Wogen der Auseinandersetzung aufeinander, als im Jahr 1862 Darwins *On the Origin of Species* in der französischen Übersetzung vorlag. Im Jahr 1864 ging der Papst mit einer Enzyklika gegen religiöse Toleranz, Liberalismus und Republikanismus vor.

Berühmt geworden sind Pasteurs Versuche mit Schwanenhalsgefäßen zur Widerlegung der Urzeugung. Er kochte eine Nährflüssigkeit in einem gewöhnlichen Laborkolben ab. Während sie noch heiß war und dampfte, zog er in der Gasflamme den Hals des Gefäßes zu einem langen Schwanenhals aus und bog ihn S-förmig. Beim Abkühlen der Flüssigkeit drang zwar wieder Luft durch den engen Hals ein, aber sie wurde im kondensierenden Dampf gewaschen, und alle Partikel aus der Luft setzten sich mit den Tröpfchen am Grund des gebogenen Halses ab. Obwohl der ein bis zwei Millimeter große Hals offen blieb, trat keine Fermentation der Nährlösung ein. Brach er jedoch den Schwanenhals ab, so daß eine kurze Öffnung nach oben wies, vergor die Nährflüssigkeit nach kurzer Zeit, weil sich Keime aus der Luft auf ihr absetzen konnten.

In anderen Versuchen untersuchte er, wie viele Keime die Luft an verschiedenen Orten enthielt. Auf der geschäftigen Straße rue d'Ulm und im Keller des Pariser Observatoriums kochte er Nährlösung ab, ließ kurz Luft eindringen, versiegelte die Kolben und stellte sie warm. Dabei fand er, daß bewegte Luft draußen mehr Keime enthielt als die unbewegte Luft in einem Raum mit gleichbleibender Temperatur wie im Keller. Enthält Gebirgsluft Keime? Mit Flaschen und Instrumenten machte er sich auf den Weg ins Jura. In 800 bis 900 Meter Höhe ließen sich Keime noch nachweisen. In den Alpen stieg er mit einem Maultier den Gletscher Mer de Glace an. Auf 2000 Meter Höhe füllte er die Flaschen hoch über seinem Kopf, um ja keine Atemluft hineinzubringen, mit Luft und dichtete sie ab. Von der Hochgebirgsluft erwiesen sich 19 von 20 Proben als keimfrei.

Pasteurs Landsmänner wollten England gern mehr Wein verkaufen, wenn er nicht so schnell schlecht würde. Die französische Marine klagte ebenfalls über die begrenzte Haltbarkeit des Lebensmittels auf längeren Schiffsreisen. Nach Untersuchung guter und schlechter Weine unter dem Mikroskop war sich Pasteur sicher, daß Keime aus der Luft die Fermentation hervorriefen. Er würde es im nächsten Jahr beweisen. Vorerst suchte er in Experimenten nach einer schonenden Methode, Keime im Wein abzutöten, ohne dessen Geschmack zu verändern. Er fand, daß eine kurzfristige Erwärmung auf etwa 55° C genau dies bewirkte. Es dauerte, bis Winzer und Weintrinker davon überzeugt waren, daß die Erhitzung den Geschmack nicht beeinträchtigte. Und als pasteurisierter Wein genießbar geblieben war, den Schiffe um die ganze Welt transportiert hatten, setzte sich die Pasteurisierung durch, später auch für Milch, Bier und andere Lebensmittel.

In den Lehrbüchern der Chemie war Fermentation ein rein chemischer, kein biologischer Prozeß. Hefezellen sprangen allenfalls als Trittbrettfahrer auf. Justus von Liebig machte sich über den Franzosen lustig. Daß Keime die Ursache der Fermentation seien, sei so aberwitzig wie die Vorstellung, die Mühlen am Rhein riefen dessen Strömung hervor. Mit klassischen Experimenten bewies Pasteur jedoch, daß seine Ansicht stimmte. Er entnahm mit einer sterilen Nadel Saft aus einer unbeschädigten Weinbeere. In einem keimfreien Glas mit keimfreier Luft blieb der Saft so, wie er war, und wurde nicht vergoren.

Spektakulärer war ein anderes Experiment. Pasteur ließ Wein in einem Gewächshaus reifen. Die wachsenden Trauben hüllte er in keimfreie Baumwolle ein. Im Oktober erntete er Weinbeeren, auf denen er mit dem Mikroskop keine Hefezellen fand. Sie blieben wie sie waren, wenn er sie in sterilen Gläsern im Wärmeschrank hielt. Weinbeeren dagegen, die er draußen geerntet und ebenso behandelt hatte, vergoren schnell. Hefezellen aus der Luft bewirkten die Gärung.

Von der Theorie der Keime schloß er bereits früh darauf, daß Keime auch Ansteckungskrankheiten und Wunderkrankungen auslösten. Zögerlich tat Pasteur einen großen Schritt. Der Chemiker betrat nun die Domäne der Mediziner. Zuerst die der Tierärzte, dann die der Ärzte. Er begann mit der Erforschung einer Krankheit an ganz kleinen Tieren. Die Seidenindustrie stand kurz vor dem Ruin. Seit 15 Jahren wütete die Seidenraupenkrankheit, die kaum eine Zucht, ja kaum ein Tier verschonte. Die Produktion war von 26 000 Tonnen Kokons im Jahr 1853 auf 4 000 Tonnen 1865 gefallen. Im Distrikt Alès im Süden Frankreichs summierten sich die wirtschaftlichen Verluste der vergangenen 15 Jahre auf 120 Millionen Francs. Im Jahr 1865 wurde er gebeten, eine vom Landwirtschaftsministerium eingesetzte Kommission zu leiten, um die rätselhafte Krankheit aufzuklären.

Pasteur gestand, er habe keine Ahnung von Seidenraupen, aber er sagte zu. Dann las er über Bombyx mori, den Maulbeerseidenspinner, besuchte Seidenraupenzuchten und sprach mit den Züchtern. In einem Haus in Alès in den Bergen der Cévennes richtete er ein primitives Labor ein. Zunächst erkannte er, daß bereits Eier mit den Keimen der Motte kontaminiert waren. Nach zahlreichen Versuchen hatte er einen Schlüssel zu dem Problem gefunden. Wenn sich in einer Zucht eine Generation von Raupen verpuppte, nahm er ein paar Kokons, legte sie ins Warme und beschleunigte so ihre Entwicklung. Die geschlüpften Motten legte er sofort unter das Mikroskop. Hatten sie die Krankheit, was er leicht an den dunklen Flecken erkannte, waren alle übrigen Puppen zu vernichten. Man stellte die ersten zehn Mikroskope zur Verfügung, und Pasteur unterwies die Züchter. Die Eindämmung der Krankheit gelang durch konsequente Isolierung gesunder Tiere.

Diese Jahre 1865 bis 1870 waren jedoch auch von heftigen Schicksalsschlägen überschattet. Sein Vater starb 1865, noch bevor Pasteur zu Hause ankam. „Ich verdanke ihm alles", schrieb er. Im selben Jahr verloren er und Marie ihre zweijährige Tochter Camille, ein Jahr später erlag die 13jährige Cécile dem Typhus. Vor ein paar Jahren hatten sie ihre Tochter Jeanne verloren. Es blieben ihnen ihr Sohn Jean-Baptiste und die Tochter Marie-Louise. Im Jahr 1868 erlitt Pasteur eine Gehirnblutung. Er erholte sich mit der Zeit und stürzte sich wieder in die Arbeit, aber sein linkes Bein und sein linker Arm blieben gelähmt.

Eine zweite große Tierseuche gab Rätsel auf. In vielen Hühnerställen leistete die ansteckende Geflügelcholera ganze Arbeit. Pasteur und seine Mitarbeiter nahmen die Untersuchungen auf. Zunächst fanden sie, daß die Krankheitserreger sich gut in einer Hühnerbouillon kultivieren ließen, die zuvor auf 110° C erhitzt und mit Pottasche neutralisiert worden war. Sie beobachteten, daß Hühner sich ansteckten, wenn sie etwas aufpickten, das den Keim enthielt. Als der strenge Meister Pasteur seinen alljährlichen Sommerurlaub in Arbois bei seinem Vater verbrachte, half eine Schlamperei seiner Mitarbeiter. Eine Kulturflasche blieb auf dem Regal stehen und wurde für die Versuche vergessen. Nach wenigen Wochen spritzte ein Mitarbeiter damit Hühner, im Glauben, es sei die gewöhnliche, frisch hergestellte Lösung mit dem virulenten Erreger. Zu seinem Erstaunen starben diese Hühner nicht, sondern erholten sich schnell von einer leichten Erkrankung. Weitere Versuche bestätigten, daß die Erreger dieser Kulturflasche in ihrer Ansteckungskraft mit der Zeit schwächer geworden waren. Jetzt war das entscheidende Prinzip gefunden: Über eine Steuerung der Virulenz, der Kraft des Erregers, würden sich Impfstoffe herstellen lassen. Im Februar 1880 gab Pasteur bekannt, einen Impfstoff gegen die Geflügelcholera gefunden zu haben. Wie er den herstellte, hielt er zunächst geheim.

Doch dabei blieb es nicht. Schäfer und Bauern verloren viele Tiere durch eine mysteriöse Erkrankung. Das Blut der an Milzbrand verstorbenen Tiere enthielt winzige, stäbchenförmige Körperchen. Robert Koch in Berlin isolierte den Erreger *Bacillus anthracis*. Die Bazillen bildeten widerstandsfähige Sporen zur Überbrückung unwirtlicher Zeiten aus, die im geeigneten Milieu aus ihrem Tiefschlaf erwachten. Pasteur nahm den wissenschaftlichen Wettlauf mit dem jungen Veterinär Jean-Joseph Henri Toussaint aus Toulouse auf, der 1880 bekanntgab, einen Impfstoff gegen Milzbrand gefunden zu haben. Im Februar 1881 teilte Pasteur mit, er habe einen neuen Impfstoff gegen Milzbrand entwickelt. Er verriet auch, wie. Eine Kultur aus Milzbrandbazillen werde für eine Zeit auf genau 42°–43° C erhitzt. Dies verhindere, daß die Bazillen Sporen bildeten. Die sporenfreie Kultur werde anschließend einige Tage weitergezogen. Der Luftsauerstoff führe mit der Zeit die Schwächung der Erreger herbei. In dem berühmten Versuch von Pouilly-le-Fort im Mai 1881 stellte sich Pasteur einer Kommission und der Öffentlichkeit.

Mit der Miene der Entschlossenheit stieg Pasteur in Melun aus dem Zug und eilte mit Begleitern auf die wartenden Kutschen zu. Nach kurzer Fahrt liefen sie auf dem Gelände eines Bauernhofs in Pouilly-le-Fort ein, wo sich am 2. Juni 1881 über 200 Menschen versammelt hatten; Politiker, Regierungsbeamte, Bauern, Tierärzte und Zeitungsreporter, darunter der Pariser Korrespondent der Londoner *Times*. Als sie Pasteur sahen, warfen sie Hüte hoch und applaudierten. Monsieur Rossignol, der Veranstalter des öffentlichen Versuchs von Pouilly-le-Fort, schüttelte Pasteur die Hand und gratulierte. Welch ein Erfolg! Das Ergebnis war so, wie von Pasteur vorausgesagt: Alle 25 geimpften Schafe lebten, die ungeimpften waren bis auf drei, die noch mit dem Tode rangen, gestorben. Milzbrand bei Schafen, Rindern und Schweinen kostete die Bauern 20 bis 30 Millionen Francs im Jahr. Die Beifall klatschende Menge wußte nichts von den Zweifeln, die Pasteur die letzten Nächte quälten, als einige der geimpften Schafe hohes Fieber hatten. Noch weniger wußte sie, was eigentlich Pasteurs Mitarbeiter den Schafen gespritzt hatten.

Im Versuch von Pouilly-le-Fort verwendete Pasteur Erreger,

die sein Mitarbeiter Charles Chamberland chemisch mit Hilfe von Kaliumbichromat abgeschwächt hatte. Das geht aus den geheimen Laboraufzeichnungen hervor. Als Rossignol ihn zu dem öffentlichen Versuch aufforderte, waren die Versuchsergebnisse nach seiner Methode unsicher, dagegen die mit chemisch abgeschwächten Erregern erfolgreicher. Er mußte in den Versuch einwilligen, da er ja im Februar öffentlich erklärt hatte, einen Impfstoff gefunden zu haben. Jedoch verwendete er in Pouilly-le-Fort den erfolgversprechenderen Impfstoff seines Mitarbeiters und ließ Öffentlichkeit und Beteiligte im Glauben, es handele sich um kurzfristig erhitzte Bazillen.

Pasteur hatte beobachtet und bestätigt gefunden, daß Geflügel sich Milzbrand nicht zuzog. Als er dies in der Akademie der Medizin vortrug, widersprach Professor Colin – nicht zum ersten Mal – und behauptete, nichts sei leichter, als ein Huhn an Milzbrand erkranken zu lassen. „Bringen Sie mir ein solches Huhn", schlug Pasteur vor, und der Professor versprach es. Immer wenn sich die Männer über den Weg liefen, fragte Pasteur nach dem Huhn. „Nächste Woche", sagte Colin, oder „Ich habe gerade mit neuen Experimenten begonnen." „Ist mein Huhn noch nicht tot?" fragte Pasteur bei einer anderen Gelegenheit, und endlich gab Colin zu, er habe sich geirrt, es sei nicht möglich, einem Huhn Milzbrand zuzufügen. Zu dessen Erstaunen widersprach Pasteur, möglich sei das schon, er werde der Akademie ein solches Huhn zeigen.

Beim nächsten Treffen erschien Pasteur mit einem Käfig, darin zwei lebende und ein totes Huhn. Das eine Huhn habe er mit Milzbrandbazillen infiziert, es sei, wie man sehe, putzmunter. Das liege daran, daß Vögel eine höhere Körpertemperatur als Säugetiere haben, die die Milzbrandbazillen abtötet. Das tote Huhn sei an Milzbrand erkrankt und gestorben, weil er dessen Körpertemperatur in einem kalten Wasserbad gesenkt habe. Das dritte Huhn schließlich habe er nicht infiziert, sondern nur genauso lange kalt gebadet wie das zweite. Es habe das kalte Bad gut überstanden. Auf Wunsch des mißtrauischen Colin wurde später das Experiment wiederholt und das tote Huhn obduziert. Es war überschwemmt mit Milzbranderregern.

Nach dem Triumph über die Tollwut 1885 sprudelten die Spendenmittel für den Bau eines Instituts zur Behandlung der Tollwut.

Die französische Regierung, Zar Alexander III., die Mailänder Zeitung, die Elsässische Zeitung, Unternehmen, Veranstalter sowie Privatpersonen stellten insgesamt 2,6 Millionen Francs zur Verfügung. Mit einer Galaveranstaltung wurde am 14. November 1888 das *Institut Pasteur* eröffnet.

Pasteur führte das Institut patriarchalisch wie ein Familienunternehmen des 19. Jahrhunderts. In seiner politischen Gesinnung war er ausgesprochen konservativ bis zuweilen reaktionär. Er schätzte strenge Führung, den starken Arm des Gesetzes und mißtraute bürgerlicher Liberalität und der Demokratie. Er sympathisierte offen mit Louis Napoléon, der 1851 die verfassunggebende Versammlung auflöste und mit einem Staatsstreich die Macht an sich riß. 1875 kandidierte Pasteur als Senator für die Konservativen, erhielt jedoch kein Mandat. Vor allem aber war Pasteur zutiefst patriotisch. Während des Deutsch-Französischen Krieges sandte er zornentbrannt die Urkunde der ihm von der Universität Bonn verliehenen Ehrendoktorwürde zurück. 1873 wollte er mit einem Patent fürs Bierbrauen das Nachbarland herausfordern. Die Produkte sollten den Namen tragen „Biere der nationalen Revanche".

Auf Bildern selbst des jungen Pasteur fällt sein tiefernster Gesichtsausdruck auf. Humor kannte er nicht, und in persönlichen Gesprächen soll er keine Schlagfertigkeit besessen haben. Er lebte für seine Arbeit sieben Tage die Woche. Ein Mitarbeiter berichtete Mitte der 80er Jahre, Pasteur komme kaum über das Quartier Latin hinaus, wo er sich zwischen Wohnung, Labor, Sorbonne und Akademie der Wissenschaften hin- und herbewege. Nur im Spätsommer fuhr er alljährlich für ein paar Wochen nach Arbois. Dann atmete in Paris sein Mitarbeiter Charles Chamberland, ein Bonvivant und ganzes Gegenteil Pasteurs, immer erleichtert auf.

Louis Pasteur starb am 28. September 1895.

## Die „*Schmetterlinge der Seele*"

## Santiago Ramón y Cajal (1852–1934)

Wie angenagelt sitzt er am Mikroskop. So was hat er noch nicht gesehen. „Auf gelbem, vollkommen durchsichtigem Grund erscheinen dünn gesäte, schwarze Fasern, glatt und klein oder stachlig und dick, und schwarze, dreieckige stern- oder spindelförmige Körper, wie Tuschezeichnungen auf durchsichtigem Japanpapier!" Unglaublich klar, bis in feinste Verästelungen der Zellfortsätze hinein heben sich geschwärzte Nervenzellen vom hellen Hintergrund ab. Wie das nur möglich sei, will er wissen. Luís Simarro lächelt mit Genugtuung über seine gelungene Überraschung. Die schwarze Reaktion, teilt er mit, eine Erfindung des Italieners Camillo Golgi, reazione nera. Unverzüglich besorgt sich Cajal die Veröffentlichung über die Färbetechnik. Jetzt gibt es kein Halten mehr für den jungen, ehrgeizigen Professor. Seine ersten Versuche mit der reazione nera macht er mit Netzhäuten. Dann präpariert er Muskeln, Rückenmark und Gehirne von Fischen, Vögeln und Insekten. Bald findet er, daß die Färbung besonders gut mit Nervengewebe von Föten klappt.

Zwei Jahre später, im Oktober 1889, schaut er sich ein bißchen unsicher auf einem wissenschaftlichen Kongreß in Berlin um. Internationale Wissenschaftssprache ist Deutsch, und das beherrscht er gerade soweit, um mit Mühen Fachartikel zu entziffern. Er wird seine mikroskopischen Präparate sprechen lassen, die werden die Herren sofort verstehen. Seinen Schatz trägt er in einer Tasche mit sich, die besten Schnitte angefärbter Nervenzellen. Namhafte Forscher sieht er miteinander sprechen, darunter den Flamen Arthur van Gehuchten und Albert von Koelliker aus Würzburg, der als Meister der Histologie oder Gewebeforschung in Deutschland gilt. Die Männer betrachten Cajal mit Skepsis. Sie halten es für unwahrscheinlich, daß ein Spanier etwas Neues anzubieten hat. Arthur van Gehuchten erinnert sich:

*Santiago Ramón y Cajal*

„Was Cajal in seinen ersten Veröffentlichungen beschrieben hatte, klang so merkwürdig, daß die Histologen der Zeit – glücklicherweise gehörten wir nicht dazu – es mit der größten Skepsis aufnahmen. Das Mißtrauen war derart, daß Cajal, der sich als der große Histologe in Madrid qualifiziert hatte, auf dem Anatomenkongreß in Berlin allein stand und um sich nur ungläubiges Lächeln erntete."

Und dann kommt seine Stunde doch noch. In einem Laborsaal stehen auf langen Tischen Mikroskope bereit. Er packt seine Präparate aus, legt Schnitte des Kleinhirns, der Netzhaut und des Rückenmarks auf. Voilá. Verwundert schauen die Männer vom Mikroskop auf. Ob er das wirklich mit der Golgi-Färbung gemacht habe, wollen sie wissen. Sie selbst hätten nur Mißerfolge mit ihr erzielt. In stockendem Französisch, umständlich und geduldig, gibt er seine kleinen Geheimnisse im Umgang mit der Chrom-Silber-Reaktion preis. Die Gewebeproben habe er aus Tierföten eines bestimmten Alters gewonnen. Albert von Koelliker ist begeistert: „Wunderbar, Herr Kollege. Phénoménal, Monsieur."

Nach der Sitzung bringt Koelliker den spanischen Gast in der Kutsche zum Hotel, lädt ihn zum Essen ein und stellt ihn den Histologen in Deutschland vor. „Die Ergebnisse, die Sie erhalten haben, sind so schön", sagt er, „daß ich sofort eine Reihe von Arbeiten zu Ihrer Bestätigung beginnen werde. Ich habe Sie entdeckt und möchte meine Entdeckung in Deutschland bekannt machen."

„Die Demonstration war so entscheidend", so van Gehuchten, „daß einige Monate später der Würzburger Histologe alle Tatsachen, die Cajal behauptet hatte, bestätigte." Koelliker läßt sich überzeugen, daß das Nervensystem aus unabhängigen, individuellen Nervenzellen besteht und nicht, wie die meisten Forscher meinen, ein verwachsener Faserfilz ist.

Auf seinem Rückweg von Berlin durch die Alpen macht Cajal im norditalienischen Pavia halt. Zu gern möchte er Camillo Golgi treffen und ihm seine Präparate zeigen. Vielleicht, hofft er, kann er auch den Maestro überzeugen, der seine eigene Methode aufgegeben hat. Doch zu dem Treffen kommt es nicht, Golgi hat als Senator in Rom zu tun.

Jahre später, im Oktober 1906, erhält er ein Telegramm aus Stockholm. „Das Carolin-Institut verleiht Ihnen den Nobelpreis." Der zweite Spanier nach dem Dramatiker José Echegaray! In Spanien wird Cajal über Nacht ein Star. Straßen in kleinen Orten heißen jetzt Calle Ramón y Cajal, Schokolade und Limonade werden nach ihm benannt, ganze Schulklassen bitten um Autogramme, man überhäuft ihn mit Einladungen. Die höchste Auszeichnung wird er sich mit Camillo Golgi teilen, „in Anerkennung ihrer Arbeiten über die Struktur des Nervensystems". Golgi vertritt die Theorie, das Nervensystem sei ein verwachsener Faserfilz. Er hat die Golgi-Färbung erfunden, sie jedoch nach unbefriedigenden Resultaten aufgegeben. Cajal hat aus ihr dagegen den Königsweg zur Erforschung des Nervengewebes gemacht. Er hat die Neuronentheorie etabliert, die behauptet, Nervenzellen seien die zentralen Elemente des Nervensystems.

Anfang Dezember fährt er mit dem Nordexpreß nach Stockholm. Von den beiden Laureaten hält Golgi als erster den Vortrag. Er betet einen Rosenkranz eigener Leistungen herunter, keine Rede von Cajal, kaum eine Erwähnung anderer Histologen. Er habe gezeigt, daß die Zellfortsätze zu einem kontinuierlichen Netz verschmolzen seien. Cajal zittert vor Ungeduld. Allein der Respekt vor den Konventionen hindert ihn an einer „klaren Richtigstellung so vieler Fehler und willkürlicher Auslassungen". Am folgenden Tag stellt Cajal die Neuronentheorie vor und versäumt nicht, die Namen zu erwähnen, die sein Kollege und Rivale unterdrückt hat. Allerdings unterläßt er stellenweise Hinweise auf Golgis Ergebnisse, die angebracht wären. Das Meer zwischen beiden ist gefroren. „Welch grausame Ironie des Schicksals", klagt er, „zwei Gegner so unterschiedlicher Wesensart wie Siamesische Zwillinge Schulter an Schulter zusammenzubringen!" Golgi, wird er einmal sagen, sei „einer der am meisten eingebildeten und sich selbst beweihräuchernden begabten Männer, die ich je gekannt habe."

Santiago Ramón y Cajal wurde am 1. Mai 1852 im nordspanischen Petilla de Aragón geboren, einem Dorf, das ihm später ebenso romantisch wie trostlos erschien. Die Unwissenheit der Menschen in ihren erbärmlichen Wohnungen, meinte er, sei ein Resultat ihrer Armut. Ähnlich wie Petilla waren auch die anderen Dörfer, in denen er aufwuchs. Der Vater, Don Justo, hatte es vom Barbier bis zum „practicante" gebracht, einem Arzt mit eingeschränkten Befugnissen. Als practicante machte er sich auf dem Lande einen Namen, und endlich wurde er 1858 regulärer Arzt und später Professor. Seine Mutter verfügte über keine weitere formale Bildung. Einmal öffnete die Mutter einen alten Koffer und zeigte dem Jungen Romane von Balzac und andere Schätze aus ihrer Mädchenzeit. Der Vater durfte nichts erfahren. Denn der war überzeugt, Dichtung sei nichts für junge Menschen.

Don Justo hatte eine tief sitzende Angst davor, er könnte nach allen Mühen und Kämpfen wieder in Armut fallen. Sein Sohn Santiago sollte früh auf das richtige Gleis kommen und nach der Schule den Arztberuf erlernen. Doch der Junge war verträumt, trieb sich herum und hatte einfach keine Lust, ausgezeichnet zu sein. Scheu und einzelgängerisch lernte er, sich gegen die Jungen im Dorf zu behaupten, baute Bögen und verwendete gebrochene Schusterahlen als Pfeilspitzen. Im Schießen mit der Steinschleuder war er weit und breit der Beste. In der Schule bei den Äskulap-Brüdern herrschte die neunschwänzige Peitsche. Er bekam deren Gewalt zu schmecken, wurde oft eingesperrt und vom Essen ausgeschlossen. Der Junge war findig, mal brach er das Schloß auf, mal kletterte er aus dem Fenster über Nägel in der Außenmauer bis zum heranreichenden Baum.

Er entdeckte eine Leidenschaft und Begabung fürs Zeichnen und beschloß, Künstler zu werden. Der Vater war strikt dagegen, und mehr als das. Einmal konfiszierte er sogar Kohle, Stifte und Pinsel. Doch der Junge malte heimlich weiter. Tatsächlich schuf er später sein wissenschaftliches Werk nicht zuletzt mit einem ausgeprägten visuellen Empfinden und dem Talent, das Gesehene in genauen Zeichnungen festzuhalten. Vom alten Taubenschlag des Hauses aus sah der Zwölfjährige Leckereien im Zimmer des Nachbarn, eines Konditors, die er dort vorrätig hielt. Cajal schlich sich ein und entdeckte etwas noch Delikateres. An den Wänden standen volle Bücherregale. Von dem Tag an holte er sich regelmäßig ein Buch und stellte das gelesene zurück, *Robinson Crusoe*, *Die drei Musketiere*, *Don Quixote* und Romane von Victor Hugo und Chateaubriand. Noch seine frühen wissenschaftlichen Schriften spickte er mit pathetischen Metaphern. „Verzeiht mir", sagte er in seinen reifen Jahren, „diese poetischen Ergüsse meiner Jugend, die ausdrückten, was damals mein Credo war – und ich hatte nie ein Wort von Nietzsche gelesen!"

Der Vater schickte ihn zu einem Barbier in die Lehre. Der Junge hielt dem Meister die Messingschale und sah und hörte ihm bei der Arbeit zu. Die Männer redeten über die Neuigkeiten im Ort oder über Revolten gegen Königin Isabel II. Vielleicht glaubte Don Justo, sein Sohn müsse nicht nur mit dem Rasiermesser, sondern auch mit der Nadel umgehen können, um eines Tages doch noch Arzt zu werden. Jedenfalls schickte er den Jungen zu einem Schuster in die Lehre. 1868 erlebte Cajal, wie ausgelassen die Leute im Dorf die siegreiche Septemberrevolte gegen die despotische Herrscherin feierten. Sein Herz schlug für die Unterdrückten und für die Republikaner.

Plötzlich nahm er die Schule ernster. Don Justo wurde Arzt in Zaragoza, und endlich ließ sich Cajal auf eine medizinische Ausbildung ein. Vater und Sohn sezierten gemeinsam Leichen und überprüften die Aussagen im französischen Lehrbuch. Zuerst hätten Gehirn und Magen noch protestiert angesichts „der beeindruckenden anatomischen Schwarte, die den Seziertisch bedeckte". Doch bald gewöhnten sie sich, und er sah in der Leiche nicht den Tod, sondern „die wunderbare Arbeit des Lebens". Don Justo war sehr zufrieden mit seinem Sohn. Jetzt schätzte er auch dessen Zeichenkunst.

Irgendwann in dieser Zeit wurde Muskeltraining Cajal zur Obsession. Zwei Stunden täglich übte er. Er betrachtete sich zwar nicht als einen Adonis, war aber stolz auf seinen Brustumfang von 112 cm und die Kraft seiner Pranken. Ebenso intensiv trainierte er sein Gehirn mit der Lektüre der Philosophen. Im Jahr 1873, im Alter von 21, schloß er das Medizinstudium ab.

Die junge Republik unter Präsident Emilio Castelar stand auf wackeligen Füßen. General Don Carlos zettelte im Jahr 1873 einen Bürgerkrieg gegen republikanische Truppen an. Da schloß sich Cajal der Armee an und war stolz, als Leutnant im medizinischen Corps zu dienen. Als seine Einheit über acht Monate nicht ein Mal Feindkontakt hatte, brach der Abenteurer in ihm durch. Er meldete sich für den Militärdienst auf Kuba, wo sich eine Rebellion gegen die spanische Kolonialmacht erhoben hatte. Nach einem halben Jahr kam er zurück, noch halb krank mit Malaria.

Bei einer Schachpartie im Café hustete Cajal plötzlich Blut in sein Taschentuch. Er sagte nichts und spielte weiter. Auch seiner Familie sagte er nichts. Beim zweiten Mal schäumte das Blut in seinem Mund, so daß er zu ersticken drohte. Tuberkulose galt Ende des 19. Jahrhunderts als Todesurteil. Als nach Monaten das Fieber sank, kam er zur Erholung in einen Kurort in den Pyrenäen. Er befolgte die ärztlichen Anordnungen nicht, sondern wanderte viel, trainierte seinen Körper, verausgabte sich. Tief im Innern wußte er, daß er den Tod herausforderte. An einem Herbsttag erkletterte er mit letzter Kraft den höchsten Hügel der Gegend. Vor ihm erhoben sich die schneebedeckten Gipfel der Pyrenäen. Er wollte sterben. Doch so nah er sich dem Tod fühlte, so verzweifelt er war, sein Kampf um den Tod war doch ein Kampf um das Leben.

Als er bei einem Freund lebende Blutzellen unter dem Mikroskop sah, zündete es bei ihm. Cajal war so begeistert, daß er sich auf Pump ein Mikroskop kaufte, dazu ein Mikrotom, ein Präzisionsinstrument zur Herstellung von Dünnschnitten aus Gewebeproben. Ein mikroskopierender Mediziner war eine Seltenheit unter den ausgesprochen konservativen Professoren. Spanische Mediziner, schrieb Harley Williams, leiteten ihre Vorstellungen lieber von französischen Autoren ab, die sich auf die arabische Übersetzung einer Idee Galens bezogen, die letztlich auf Aristoteles zurückging. Mit Hilfe seines Vaters erhielt er eine kleine Stelle im Anatomischen Museum in Zaragoza.

Eines Tages begegnete er auf der Straße einer Madonna von Raphael, wie er meinte, oder Margarete aus Faust. Er lernte sie kennen und fand, daß sie sich ergänzten. Im Jahr 1880 heirateten Cajal und Silvería Fañanás García. Sein Vater war entsetzt, denn das Einkommen seine Sohnes betrug höchstens 35 Dollar im Monat. Anfangs gab es kein Geld für schöne Kleidung, Spiele, Kutsche oder Sommerferien. In der Ehe machte Cajal die Erfahrung, daß sie „wie eine Art Alchemie funktioniert, welche die physische und geistige Persönlichkeit beider Ehepartner ändert. Als Ergebnis dieser Änderungen und gemeinsamer Absichten und Aktivitäten, die beide teilen, taucht eine neue Ganzheit auf, die völlig neue und unerwartete mentale und wirtschaftliche Werte schaffen kann."

Ob er es denn wage, sich gegen die Autoritäten des Auslands zu erheben, fragten mißbilligend Kollegen nach seinen ersten Publikationen über entzündete Gewebe. Im Jahr 1883 bestand er die Professorenprüfung und erhielt eine Anstellung an der Universität von Valencia. Der Süden empfing die Familie mit Tamarisken, Limonen, Orangen und Palmen. Cajal forschte am Küchentisch, darauf Mikroskop, Gläser, Fläschchen, Mikrotom, Zeichenblock und Bleistift. Auch später in Barcelona und dann in Madrid arbeitete er immer auch zu Hause. In Valencia schloß er sich dem Club Casino de la Agricultura an. Man redete, wanderte oder stellte Experimente mit Hypnose an.

Im Jahr 1885 brach die Cholera in Valencia aus. Als Mediziner, der von Robert Kochs jüngster Entdeckung des Choleraerregers wußte, wandte sich Cajal dem Problem zu. In seinem Arbeitszimmer zu Hause kultivierte er Cholerabakterien, die ganz Valencia umbringen konnten. Bald hatte er eine Färbetechnik für mikroskopische Untersuchungen gefunden. In zwei Schriften klärte er zudem über die Infektion auf und mahnte als wirksamen Schutz konsequentes Wasserabkochen an. Als die Epidemie verebbt war, schenkten ihm Freunde ein Zeiss – den Rolls-Royce unter den Mikroskopen.

1887 brachte ein Erlebnis ihn schließlich auf die entscheidende Bahn. Luís Simarro, ein an Histologie interessierter Psychiater, zeigte ihm Präparate, die er aus Paris mitgebracht hatte. Cajal lernte die Golgi-Färbung kennen, die er wie kein zweiter zu beherrschen lernte, die er verbesserte und mit der er seine wichtigsten Entdeckungen machte. Bei der Golgi-Färbung wird eine Gewebeprobe mehrere Tage in Kaliumdichromat und Osmiumtetroxid gehärtet und nach der Trocknung in eine verdünnte Silbernitratlösung gelegt und anschließend mit Alkohol ausgewaschen. Das Prinzip besteht darin, daß Chromat die Zellen imprägniert und sich mit Silber zur schwarzen Färbung verbindet. Der Vorteil ist, daß die Golgi-Färbung – aus bis heute unverstandenen Gründen – nur einen kleinen Bruchteil aller Nervenzellen bis in die feinsten Verästelungen schwarz färbt, den Rest der Zellen also ausspart. Allerdings hat sie auch ihre Tücken. Sie ist unberechenbar und produziert nicht selten Kunstfehler.

Ende 1887 erhielt er einen Lehrstuhl in Anatomie in Barcelona. Weil es auch dort keine Labors gab, richtete er sich ein weiteres Mal zu Hause ein. Jetzt arbeitete er wie besessen, bedauerte er doch, daß es keinen spanischen Namen unter den großen Wissenschaftlern gab. Ausgerüstet mit seinem Zeiss, seiner Präparierkunst und seiner Willenskraft drang er in die Feinstruktur der Nervengewebe vor. 1888 gründete er seine erste Fachzeitschrift. Ebenso ehrgeizig führte er am Abend im Café de Pelayo die Schachfiguren. Das Brettspiel, sein „einziges Laster", wurde zu einer zeit- und kraftraubenden Leidenschaft, denn jede verspielte Partie verlangte Revanche. Als er eine Woche lang kein Spiel verlor, packte er die Figuren ein und rührte sie 25 Jahre nicht mehr an.

Zurück an seiner Arbeit geriet der Künstler in ihm über die Nervenzellen ins Schwärmen. Zellgruppen im Hippocampus des Gehirns muteten ihn an „wie Hyazinthen in Hecken, die graziöse Kurven beschreiben". Gehirnzellen nannte er einmal „Schmetterlinge der Seele". Und jede war ein Mikrokosmos. Seine Präparate mit der Golgi-Färbung übertrafen sogar die Nervenzellen, die

Otto Deiters nach chemischem Andauen aus dem Rückenmark eines Ochsen gezupft und mit Karmin angefärbt hatte. Und die galten bis dahin als die besten. Der junge Otto Deiters hatte nach meisterhafter Präparation herausgefunden, daß Nervenzellen zwei Arten faseriger Fortsätze besitzen, nämlich mehrere „Protoplasmafortsätze" und einen „Hauptaxenzylinderfortsatz". Heute heißen sie Dendriten und Axon.

Cajal fand in seinen Präparaten bestätigt, was eine Minderheit von Forschern behauptete: daß das Nervensystem aus getrennten Nervenzellen besteht. Eine Nervenzelle setzt sich aus dem Zellkörper, der den Zellkern enthält, zahlreichen Verästelungen, den Dendriten, und aus einer langen Nervenfaser, dem Axon, zusammen. In großen Tieren erreichen einige Axone Meterlänge. Was gemeinhin als Nerv bezeichnet wird, ist meist ein Faserbündel aus Tausenden Axonen.

Viele Jahre zuvor, 1833, hatte Christian Gottfried Ehrenberg Ganglienkugeln – heute Nervenzellkörper – im Nervengewebe entdeckt. Die Ganglienkugeln sah er eingebunden in ein Nervenfasergeflecht. 1837 erkannte sein Schüler Robert Remak, daß die Nervenfasern als Fortsätze aus den Nervenzellen entsprangen. Der Erlanger Anatom Joseph von Gerlach glaubte gefunden zu haben, daß Zellfortsätze miteinander verwachsen waren. Nach dem Konzept des Faserfilzes, das sich mit Golgi an der Spitze bei der Mehrheit der Forscher durchsetzte, bestand das Nervensystem aus einem verwachsenen Geflecht oder Faserfilz. Demgegenüber behaupteten Wilhelm His in Leipzig und August Forel in Zürich, daß alle Zellfortsätze frei endeten und nicht zu einem Faserfilz verschmolzen waren.

Dieser Ansicht war auch Cajal. Er fertigte Tausende von Golgi-Präparaten an und etablierte die *Neuronentheorie*. Ihm fiel auf, daß sich in bestimmten Hirnregionen immer wieder ähnliche Zellgestalten anfärben ließen. Die Regelmäßigkeit und Abgeschlossenheit solcher Formen war kaum mit einem überganglosen Faserfilz zu erklären. Zudem entdeckte er verdickte Endfüßchen an den Axonen. Allein in den Jahren 1888 bis 1891 veröffentlichte er 44 Arbeiten über das Nervensystem, in denen er anhand histologischer Befunde die Getrenntheit der Nervenzellen zeigte. Im Nervengewebe von 2–3 Tage alten Huhnembryos erwischte er verschiedene Stadien des Nervenwachstums. Zuerst sandte die embryonale Nervenzelle einen langen Zellfortsatz aus, die Nervenfaser oder das Axon, bevor dichte Verzweigungen oder Dendriten aus dem Zellkörper sprossen. Cajal war fasziniert vom Wachstum der Nervenfaser, wie sie – gleich einem Keimling, der zum Licht strebte – den Kontakt mit anderen Zellen suchte.

Im Jahr 1891 taufte der Anatom Wilhelm Waldeyer in Berlin die Nervenzelle *Neuron* und faßte in einem Übersichtsbeitrag das neue Konzept in der Neuronentheorie zusammen – ohne selbst über Nerven geforscht zu haben. Bald galt Waldeyer als Begründer der Neuronentheorie, obwohl er nur ihr Täufer und Verbreiter war. Cajal ärgerte sich über den schlauen Abstauber. Der Streit zwischen den Anhängern des Faserfilzkonzeptes, den Retikularisten, und denen des Neuronenkonzeptes, den Neuronisten, wurde erst Mitte des 20. Jahrhunderts endgültig zugunsten der Neuronisten entschieden. Noch 1933, ein Jahr vor seinem Tod, behandelte Cajal die Streitfrage „Neuronismo o reticularismo?" in einer gleichlautenden Schrift.

Nerven übermitteln elektrische Signale, das wußte man bereits, doch wenn es getrennte Nervenzellen gab, wie gelangte ein solches Signal von einer auf die nächste Nervenzelle? Cajal untersuchte die Netzhaut, den Riechnerv, das Kleinhirn und das Rückenmark und fand, daß in den Neuronen der Sinnesorgane Dendriten offenbar nach außen zum Ort des Reizempfangs gerichtet waren. Die Axone dagegen verliefen ins Innere des Körpers. Er entdeckte, daß auch die Dendriten eine nervös-leitende Funktion haben. Nach einiger Zeit hatte er genügend Belege für ein neues funktionelles Konzept gesammelt, das im Prinzip auch heute noch gilt: Der Nervenimpuls läuft wie in einer Einbahnstraße in eine Richtung, und zwar von den Dendriten über den Zellkörper ins Axon. Dendriten sind die Empfänger, das Axon ist der Leiter. Das Axon endet in einem Faserbäumchen, dem Axonterminalsystem. Es entspricht dem Überträger. Cajal hatte das Prinzip der *dynamischen Polarisation* gefunden, das die Tatsache beschreibt, daß die Nervenaktivität streng in eine Richtung verläuft.

Der Engländer Charles Sherrington zeigte später, daß auch komplexeste Gehirnfunktionen auf zwei Grundeigenschaften der Nervenzelle beruhen: blitzartige Erregung und Leitung eines Impulses oder aber Hemmung, d.h. Isolation von Impulsen. Erregung und Isolation wechseln mit unvorstellbarer Schnelligkeit und Flexibilität ab. Heute wissen wir, daß ein Nervenimpuls durch eine lokale Ladungstrennung an der Membran ausgelöst wird. Wie umfallende Dominosteine breitet er sich entlang der Membran aus. Je nach Häufigkeit oder Frequenz der Impulse werden verschiedene Signale unterschieden. Der Nervenimpuls ist nach den Worten eines Forschers „die universale Währung des Nervensystems".

Die feinen Verästelungen des Axonendes reichten wie Kabel mit kleinen Kontaktfüßchen hinüber auf andere Zellen und schienen sie zu berühren. Cajal sprach poetisch vom „protoplasmischen Kuß". In den 1950er Jahren deckte das Elektronenmikroskop auf, wie die Kontaktstellen oder Synapsen genau gebaut sind. Es zeigte einen winzigen Spalt zwischen dem verdickten Ende eines Axons und der Membran der Zielzelle. Dann fanden Forscher, daß Überträgersubstanzen in den Spalt entlassen werden, die die Zielzelle erregen. Die Leitung der Impulse erfolgt also elektrisch in den Nervenzellen und chemisch von Zelle zu Zelle. Schließlich fand man auch hemmende Substanzen, welche die Übertragung des Impulses verhindern.

Cajals Familienleben blieb von Schicksalsschlägen nicht verschont. Die kleine Enriqueta starb an Hirnhautentzündung, und Typhus führte beim ältesten Sohn zu einem Herzleiden und einer verzögerten geistigen Entwicklung. Als der Lehrstuhl für Histologie und Pathologische Anatomie in Madrid frei wurde, ging Cajal ein weiteres Mal erfolgreich ins Rennen. Die sechsköpfige Familie zog 1892 in die Hauptstadt. Hier gab es endlich ein Labor. Ein professioneller Tierfänger versorgte ihn mit Schlangen, Eidechsen, Eulen, Krähen, Salamandern, Barschen und Forellen. Cajal sezierte – zum Tierschutz hat er sich nicht geäußert.

Die nächste Stufe seiner internationalen Karriere nahm er im Sommer 1894, als er einen Vortrag vor der Royal Society in London hielt. Anfangs wollte er, daß sich alle Zuhörer seine Präparate unter dem Mikroskop ansahen. Charles Sherrington, der lange Warteschlangen voraussah, hatte jedoch Lichtbilder seiner Präparate angefertigt. Zwei Wochen wohnte Cajal bei den Sherringtons. Bereits nach einem Tag hatte er sein Schlafzimmer zum Labor gemacht. Sherrington erinnerte sich auch, wie Cajal im Laden mit englischen und französischen Sprachbrocken um den Preis feilschte. Er war überwältigt von den mittelalterlichen Gebäuden und gotischen Kapellen in Oxford, wo „jedes Haus ein historischer Schrein" war. In Cambridge erhielt er die Ehrendoktorwürde.

Zurück in Madrid fiel ihm auf, wie mangelhaft die Einrichtungen in Forschung und Lehre waren: baufällige Institute, der winzige Botanische Garten, das vernachlässigte Naturgeschichtliche Museum, die Professoren in ihren Elfenbeintürmen, abgeschirmt von der Welt, von den Studenten und voneinander. Indes wuchs sein Selbstbewußtsein eines spanischen Histologen, und 1896 gründete er sein zweites Fachblatt. In eingehenden Untersuchungen zeigte er, daß die beiden Sehnerven der Säugetiere sich in je zwei Faserbündel aufteilten. Jeweils eins führte in die entsprechende Gehirnhälfte, die beiden anderen überkreuzten sich und führten in entgegengesetzte Gehirnhälften. Ein Hospital und ein Findlingsheim erlaubten ihm, daß er soeben verstorbene Kinder oder Embryonen sezierte, obwohl das Gesetz eigentlich den Eingriff innerhalb von 24 Stunden nach dem Tod untersagte. Er fand Gehirnzellen mit auffallend kurzen Axonen, die in großer Zahl nur beim Menschen vorkamen.

1899 brachte er es sogar bis in die USA. Ein Jahr nachdem die Vereinigten Staaten den Unabhängigkeitskampf Kubas gegen Spanien unterstützt und der Kolonialmacht eine Niederlage beigebracht hatten, lud ihn die Clark Universität in Worcester, Massachusetts, zu einer Reihe Gastvorlesungen ein. Ein Scheck lag gleich bei. Welch eine Frechheit, dachte er, der immer auch Patriot war, doch er nahm an.

Einmal im Urlaub kam er auf die Idee, Silbernitrat zu erhitzen. Zu Hause probierte er die Methode aus und fand ein feines Streifenmuster in den Nervenzellen, die Neurofibrillen. Im Jahr 1904 kam sein 1 800 Seiten umfassendes Lehrbuch *Histologie des Nervensystems des Menschen und der Wirbeltiere* heraus. Das Werk mit 897 Originalabbildungen wurde ein Klassiker und ein paar Jahre später ins Französische übersetzt.

Im Jahr 1906 wäre Cajal fast Minister geworden. Als er von Stockholm zurückkehrte, legte ihm der spanische Regierungschef das Ministeramt für Öffentlichen Unterricht ans Herz. Das Erziehungssystem in Spanien sollte von Kopf bis Fuß reformiert werden. Cajal hatte zwar nie seine Fähigkeiten in der Politik gesehen, doch er machte ein paar Vorschläge, darunter Gastvorlesungen ausländischer Professoren, Auslandsbesuche hervorragender Studenten, die Gründung von Zentren für fortgeschrittene Forschung oder die Einrichtung von Colleges und Wohnheimen nach britischem Vorbild. Der Premier setzte seine ganze Überredungskunst ein, der Cajal schließlich erlag. Kurz darauf kam er jedoch zu dem Schluß, die Aufgabe sei doch nichts für ihn, und er zog seine Zusage wieder zurück.

Nicht zum ersten Mal war die Neuronentheorie in Gefahr. Von mehreren Labors wurde gemeldet, Nervenfasern könnten sich auch unabhängig von Nervenzellen entwickeln. Ein amerikanischer Student, damals an der Universität Bonn, bestätigte dagegen Cajals Ergebnisse. Ross G. Harrison entnahm Kaulquappen embryonales Nervengewebe und beobachtete als erster, wie Nervenfasern aus lebenden embryonalen Nervenzellen, den Neuroblasten, wuchsen. Keine Neuroblasten, keine Nervenfasern. Später kultivierte Harrison Nervenzellen in einem Tropfen Lymphe auf dem Objektträger und begründete so die moderne Zell- und Gewebekultur. Im Zeitraum zwischen 1906 und 1914 verfaßte Cajal 50 Artikel, in denen er sich mit Problemen der Neuronentheorie auseinandersetzte.

In seinen späten Jahren forschte er intensiv über die Regeneration von Nerven nach Verletzungen. Gerade war der Erste Weltkrieg ausgebrochen, da erhielt er den Preußischen Orden „Pour le Mérite". Der Geehrte, der die deutsche Wissenschaft und Kultur so bewunderte, war von der deutschen Politik tief enttäuscht. Sein Kollege, der angesehene Professor Arthur van Gehuchten in Löwen mußte vor deutschen Truppen nach England fliehen. In seinen letzten Jahren verlor Cajal vollständig seine Bewunderung für Deutschland.

Ab 1915 bis weit in die 20er Jahre untersuchte er die Netzhäute, Sehnerven und Sehzentren zahlreicher Tiere. Er begann mit den Augen von Insekten, um sich über Krebse, Fische, Amphibien bis zum Menschen hochzuarbeiten. Doch bereits bei den Augen der Insekten blieb er lange hängen. Sie erwiesen sich als weitaus komplizierter als erwartet.

Cajal ging immer gern in Cafés, z. B. in das Suizo, wo er viele Bekannte und Freunde traf. Auch hier trat der Forscher nicht ganz zurück. Er beobachtete, fragte, hörte – und notierte. Im Jahr 1920 erschienen seine Aphorismen „Café-Gespräche" – ein Sammelsurium aus Gesprächsfetzen und Gedanken über Freundschaft, Liebe und Frauen, Alter, Tod, Charakter, Literatur und Politik. Das letzte Kapitel enthielt Witze.

Als er 1922 emeritiert wurde, bewilligte die spanische Regierung Mittel für den Bau des Forschungsinstitutes *Instituto Cajal*, das 1932 eröffnet wurde. Seinen trockenen Humor behielt er bis zum Schluß. Das letzte Buch titelte er „Die Welt mit 80 Jahren. Ansichten eines Arteriosklerotikers".

Santiago Ramón y Cajal starb am 17. Oktober 1934.

*„Ich glaube, daß wir heute den Humor*
*noch nicht ernst genug nehmen."*

## Konrad Lorenz (1903–1989)

Am sommergrünen Ufer eines Tümpels, inmitten äsender oder
schlafender Gänse, redet gestikulierend ein weißmähniger Mann
vor seinen Schülerinnen. In Gummistiefeln, Kniebundhose und
Daunenjacke zitiert der Mann per Schalltrichter Graugänse aus
der Luft herbei. Auf dem Kopf des Pfeifenrauchers, die Vogelfüße
im Silberhaar vergraben, späht eine Dohle umher. Bilder aus einem Forscherleben.

So kannte man ihn, den Gänsevater. Lorenz mochte das Attri-
but nicht, ebensowenig wie das Bild, das das *Life Magazine* von
ihm verbreitete. Sein Kopf über dem Wasser zwischen zwei
schwimmenden Schneegänsen, ein Bild, das seiner Wissenschaft,
der Verhaltensforschung, den Ernst abspreche, befürchtete er.
Dem Präsidenten des Nobelpreis-Komitees galt er als ein Deuter
tierischen Verhaltens. Vor allem aber war Lorenz biologischer
Naturphilosoph.

Vielleicht hat alles mit Selma Lagerlöfs *Die wunderbare Reise
des kleinen Nils Holgersson mit den Wildgänsen* angefangen. Oder
mit den rauschend in die Donauauen einfliegenden Gänsen und
Enten. Wie auch immer, der kleine Konrad Lorenz hat ein Faible
für sie. In den Donaumarschen spielen der sechsjährige Konrad
und seine Freundin Gretl mit ihren Entenküken, die sie von
einem Nachbarn geschenkt bekommen haben. Die Tiere folgen
ihnen überall hin. Sie sind auf die Kinder geprägt.

„Was wir nicht bemerkten", so der schlohweiße Lorenz im Alter von 70 Jahren, „ist, daß ich in dem Prozeß auf Enten geprägt
wurde. Ich bin es noch, wissen Sie. Und ich gestehe zu, daß ein
lebenslanges Streben in vielen Fällen durch eine entscheidende
Erfahrung in der frühen Jugend fixiert wird." Der künftige
Entdecker der Prägung bei Dohlen und Gänsen wird selbst früh
geprägt. Auf die einzigartige Donaulandschaft, die ihn zeitlebens

*Konrad Lorenz*

anzieht. Das wird man einmal Heimatprägung nennen. Und auf
Gretl. Sie bleiben ein Paar über 80 Jahre.

Eines Tages steht der Medizinstudent Lorenz in einem Wiener
Tierladen, und da schreit ihn aus einem Käfig ein Jungvogel mit
sperrendem Schnabel an. Da hat er das Gefühl, er müsse den gelben Rachen füttern. Und ein Tier mehr zu Hause macht den Kohl
nicht fett. Schon manches Mal haben die bei ihm lebenden Tiere
für Aufregung gesorgt. Einmal hat Gloria, sein Kapuzineräffchen,
sein Zimmer auf den Kopf gestellt. Nicht nur, daß sie den Bücher-
schrank aufgeschlossen und Bücher im Zimmer verteilt hat. Sie

hat den Deckel vom Aquarium abgenommen, und dann ist ihr eine Nachttischlampe reingefallen. Jedenfalls hat es einen Kurzschluß gegeben, und als er nach Hause kam, ging kein Licht mehr, während Gloria kichernd an der Gardinenstange hing. Jetzt im Geschäft kauft Lorenz die Jungdohle und nimmt sie mit nach Hause. Er füttert sie, sie wächst heran und wird flügge. Durch ein Loch in der Wand kann sie in das große Atrium der elterlichen Villa fliegen und von dort durchs Dach ins Freie. Lorenz führt Tagebuch und hält seine Beobachtungen fest. Eines Tages setzt er die kluge Dohle im Freien aus, doch sie wimmert nach ihm, „tschok" tönt es immer wieder. Sie erträgt die Trennung nicht. Lorenz stellt fest, daß Tschok auf ihn als ihren Kumpan geprägt ist. Er behält sie.

Gretl und ein Freund schicken seine Aufzeichnungen dem Zoologen Oskar Heinroth zu. Der ist so beeindruckt, daß er eine Drucklegung unterstützt. 1927 erscheinen die *Beobachtungen an Dohlen* im *Journal für Ornithologie*. Lorenz teilt darin mit, daß bestimmte Vögel, zieht man sie von frühester Jugend an allein auf, ihre Artgenossen nicht als solche erkennen. Die Einstellung auf die Art erfolge bei jeder Art zu einem genau festgelegten Zeitpunkt. Jahre später beobachtet er, wie ein Gänseküken die Schale zur Welt aufbricht. Kaum hat es sich befreit, senkt es vor Lorenz seinen Kopf, streckt seinen Hals vor und gibt die ersten Laute von sich. Lorenz bringt das Junge im Bauchgefieder einer Hausgans unter, doch als er weggeht, läuft es ihm nach. Es folgt ihm ständig. Während einiger Stunden nach dem Eischlupf, so stellt sich heraus, folgen Gänse- oder Entenküken dem erstbesten Objekt, das sich bewegt und Laute von sich gibt.

Lorenz hat damit die Prägung entdeckt und sie als erster im Jahr 1935 beschrieben. Das Phänomen gilt als ein besonderer Lernvorgang. Enten und Gänse gehören zu Nestflüchtern. Sie bleiben nicht wie Nesthocker im warmen Nest, bis sie selbständig werden, sondern sind gleich mit der Mutter unterwegs, um die sich zunächst ihr ganzes Leben dreht. Ein Küken kommt mit einem Programm auf die Welt, das nur einmal während eines kurzen Zeitraums abläuft. Wenn ein Entenküken zwischen der 13. und 16. Stunde nach dem Eischlupf die Mutter – oder einen Menschen oder ein passendes Objekt – sieht, geschieht folgendes: Es reagiert auf die Reizkombination „Ding in Bewegung, gibt Laute von sich" und folgt ihm nach. Gleichzeitig prägt es sich das besondere Aussehen der Mutter, des speziellen Menschen oder des Objekts für immer ein. Das heißt, es kommt mit einem höchst unfertigen Bild von der Mutter auf die Welt. In dem Augenblick, wo das innere, grobe Raster mit einem gesehenen Objekt übereinstimmt, erkennt es in ihm die Mutter und speichert dessen Bild. Alles, was es anfangs hat, ist nach Lorenz' Wort ein *angeborener Auslösemechanismus*, der innerhalb einer kurzen Phase als Reaktion auf eine einfache Reizkombination das Nachfolgeverhalten auslöst sowie das unauslöschliche Einprägen des zuerst gesehenen Objekts im Gehirn.

Göttingen 1939. Eduard Baumgarten setzt die Geige ab und wendet sich dem Bratschisten des Streichquartetts zu. Ob er einen biologisch orientierten Psychologen kenne, der sich auch für Erkenntnistheorie interessiert, fragt der Philosophieprofessor aus Königsberg. „Sie werden lachen", antwortet Erich von Holst, „ich kenne so einen komischen Vogel. Er heißt Lorenz und lebt in Altenberg bei Wien." Baumgarten besucht Lorenz und setzt sich dafür ein, daß der im Jahr 1940 als Professor für Vergleichende Psychologie nach Königsberg berufen wird.

Aus dem Kriegsdienst im Lazarett gerät Lorenz 1944 in russische Gefangenschaft und kommt in ein Lager nach Armenien. Die russischen Offiziere schätzen ihn als Arzt und Mensch, ein Majorarzt weiß sogar um den Ruf seines Vaters, eines renommierten Orthopäden. Bald kennt jeder den „verrückten Professor", der vorführt, wie man Heuschrecken ißt oder einen Bussard zubereitet oder aus Rinderknochen einen Brotaufstrich herstellt. Lorenz ist „Lehrer, Spaßmacher, Clown und Seelsorger" für die anderen Gefangenen. Seit Jahren beschäftigt ihn die Natur der Erkenntnis, und er möchte gern die Gedanken zu Papier bringen. Nur das Problem ist, es gibt kein Papier. Als er leere Zementsäcke findet, leiht er sich ein Bügeleisen und bügelt das Papier so glatt es geht. Als Tinte verwendet er das Sterilisationsmittel Pottaschepermanganat. Das Manuskript muß er der Zensur vorlegen. Anfang 1948 läßt man ihn frei, und eines Tages im Februar kommt er in Wien an, einen Star auf der Schulter, eine Haubenlerche als fliegende Begleiterin und in der Tasche eine Naturgeschichte des Erkennens.

Zwischen dem Wienerwald und der schlängelnden Donau liegt das Dorf Altenberg. In der Adolf-Lorenz-Gasse – benannt nach dem Vater – steht ein begrüntes Donauschlößchen mit Türmchen, Erkern, Gauben und Giebeln, eine Melange aus Historizismus und Jugendstil. Nach Betreten der Villa findet man sich in der pompösen „Lorenz-Hall" wieder, einem decken- und wandbemalten Atrium, in das sich kleine Arkadenbalkone vom Flur im Obergeschoß öffnen. Irgendeinen Traum erfüllte sich Adolf Lorenz, als er dieses Haus bauen ließ. Vielleicht schwebten ihm Bühnenbilder von Mozartopern vor. Der Chirurg Adolf Lorenz hatte unblutige Methoden zur Behandlung angeborener Hüftanomalien entwickelt. Als ein Multimillionär aus Chicago ihn bat, seine Tochter zu behandeln, begann sein steiler Aufstieg. Der Sohn eines armen Sattlermeisters wurde ein großer Herr. Er hielt Reitpferde und kaufte Kunst. Adolf Lorenz war ein Mann von viriler Vitalität, dominant, temperamentvoll, ein Urgestein von Mensch. Noch im hohen Alter unternahm er anstrengende Wanderungen, er wurde 92 Jahre alt und besaß nach eigenen Worten den sportlichen Ehrgeiz, die Hundert voll zu machen.

Emma Lorenz, geb. Lecher, entstammte dem Großbürgertum. Als sie 1903 wegen ihrer Beschwerden ihren Frauenarzt aufsuchte, stellte dieser ein Myom, eine gutartige Geschwulst, in der Gebärmutter fest. Nach einiger Zeit war das Myom gewachsen, und als es sich bewegte, änderte der Professor seine Diagnose in Schwangerschaft. Emma war 42 Jahre alt, und ihr Mann fürchtete eine Frühgeburt. „Das Neugeborene muß imstande sein, das extrauterine Leben zu ertragen, oder es stirbt besser", notierte er.

Am 7. November 1903 kam Konrad Lorenz zur Welt. Sein Bruder Albert war da schon 18 Jahre alt. Der Kleine fand all das vor, was ihn schon sehr früh auf seinen Weg brachte: Förderung durch die Eltern, ihre fast grenzenlose Toleranz, ein Kindermädchen, das mit Tieren umzugehen wußte, Freunde und die reichhaltige Donaulandschaft. Der Vater brachte einen Feuersalamander nach Hause und gab ihn dem Kindermädchen und dem vierjährigen Konrad mit der Auflage, ihn nach einer Woche wieder freizulassen. Doch das Amphibium bekam 44 kiemenatmende Larven – und Konrad sein erstes Aquarium. Mit zehn Jahren hielt er seinen ersten Vogel zu Hause, daneben Schildkröten, Fische und Krebse, sogar ein kleines Krokodil. Als es dem Krokodil zu kalt wurde, mußte er es abgeben und bekam dafür seinen ersten Hund. In dem Maße, wie Konrad größer wurde, wuchs die Tiergesellschaft im und am Haus. Er beobachtete, wie ein Maulwurf im Terrarium Jagd auf Regenwürmer machte. Und ihn faszinierte das Buch *Die Schöpfungstage*, in dem der Autor Wilhelm Bölsche die Evolutionstheorie von Charles Darwin spannend erklärte.

Die drei Jahre ältere Margarethe, „Gretl", Gebhardt war Konrads beste Spielkameradin von früher Kindheit an. 1927 heirateten die beiden. Wie sie denn ihren Mann kennengelernt habe, wollte einmal eine Freundin von Gretl wissen. „Ja, ich saß da in meinem Kinderwagen", antwortete Gretl, „und ein anderer Kinderwagen kam vorbei. Darin war ein dickes, häßliches Baby, und sofort wußte ich – das ist er!"

Lorenz wechselte mit elf Jahren auf eine katholische Klosterschule, das Schottengymnasium, wo ein Benediktinermönch die Evolutionstheorie unterrichtete. Konrad Lorenz fühlte sich weder zur Kirche hingezogen noch religiös. Er habe das große Glück gehabt, sagte er später, daß er in zwei völlig irreligiösen Familien aufwuchs, und meinte damit die Familie und den Freundeskreis. Im Jahr 1922 beschloß der Vater, der die Zoologie nicht wirklich ernst nahm, daß Konrad wie sein älterer Bruder Albert Medizin studieren sollte, und zwar zunächst in Amerika. Der Vater hoffte zudem, daß der Auslandsaufenthalt vielleicht seinen Sohn und Gretl auseinanderbringen werde.

Konrad beugte sich dem Druck des Vaters, ging nach New York an die Columbia Universität und schaute sich im Zoologischen Institut um. Auf Long Island fischte er allerhand Spezies aus dem Wasser, aber sein Professor, der Genetiker Thomas H. Morgan, interessierte sich nur für Taufliegen. Konrad sehnte sich nach Hause und nach Gretl und sparte Geld für die Heimreise. Um Weihnachten war er wieder in Altenberg.

In den Jahren von 1924 bis 1934 waren Konrad Lorenz und Gretl begeisterte Motorradfahrer. Sie bastelten sich Maschinen zusammen, nahmen an Rennen teil und fuhren nach Italien, in die Schweiz und nach Deutschland. Seit er sich bei einem Unfall den Unterkiefer brach, trug Lorenz einen Kinnbart.

Als Medizinstudent interessierte er sich vor allem für die Vergleichende Anatomie, die Professor Ferdinand Hochstetter lehrte. In der Vergleichenden Anatomie werden die Konstruktionen der

Tiere unter dem Gesichtspunkt der stammesgeschichtlichen Entwicklung verglichen. Der Knochenbau eines Vogelflügels offenbart seine Abstammung vom Reptilienbein. Paradebeispiel sind die Füße der Huftiere. Paarhufer wie Schwein, Rind oder Kamel laufen auf dem dritten und vierten Zeh, das Pferd als ein Unpaarhufer läuft nur auf dem dritten Zeh. Die anderen Zehen sind zurückgebildet, doch beim Tapir sind noch vier, beim Nashorn drei Zehen erhalten. Irgendwann dämmerte es Lorenz, daß sich die vergleichende Betrachtung des Baus der Tiere auch auf ihre Verhaltensäußerungen, d.h. auf Zeitgestalten nach einem Wort von Irenäus Eibl-Eibesfeldt, anwenden ließ. Dies war, wenn man so will, die Geburtsstunde der *Vergleichenden Verhaltensforschung*. Jedoch war Lorenz nicht der Vater der Verhaltensforschung. Der US-Amerikaner Charles O. Whitman hatte schon 1898 betont, daß Organe und Instinkte unter dem Gesichtspunkt ihrer Abstammung zu untersuchen seien. Und im Jahr 1910 hatte Oskar Heinroth in Berlin über Verhaltensweisen verschiedener Entenarten im Licht der Evolutionstheorie berichtet.

Nach seinem Dr. med. 1928 arbeitete Lorenz weiter als Assistent im Anatomischen Institut und forschte zu Hause. Als er im Jahr 1931 seine *Beiträge zur Ethologie sozialer Corviden* (Rabenvögel) veröffentlichte, wurden die Ornithologen ein zweites Mal auf ihn aufmerksam. Anläßlich der Tagung der Deutschen Ornithologischen Gesellschaft in Wien besichtigten Ferdinand I., Exzar von Bulgarien, und Oskar Heinroth am 2. Oktober 1932 die Vogel-Station Lorenz in Altenberg. Adolf Lorenz sagte in seiner Begrüßung, er schätze die Ehre um so höher ein, da er sich keiner anderen Verbindung mit der Wissenschaft der Ornithologie rühmen könne als eines lebhaften Interesses für alle jene Vögel, die unsere Bratpfannen schmücken. 1933 schloß Konrad Lorenz das Zoologiestudium mit einer Doktorarbeit über den Vogelflug ab, seinem zweiten Doktorgrad.

Die Dohlenkolonie, die Lorenz begründet hatte, fühlte sich offenbar wohl im Dachstuhl der Lorenzschen Villa. Für Anekdoten sorgten die Tiere täglich. Der Gelbhaubenkakadu biß die Knöpfe von der aufgehängten Wäsche ab, die Kolkraben klauten Besteck vom Tisch, das Kapuzineräffchen ritt auf dem Hund vorbei, jahrelang flogen abends 24 Graugänse ein, um auf dem Perserteppich zu schlafen. Zwischen 1928 und 1935 hielt Lorenz in

Haus und Garten summa summarum 100 Dohlen, 32 Nachtreiher, 20 Kolkraben, 15 Seidenreiher, 9 Turmfalken, 7 Kormorane, 7 Elstern, 7 Mönchssittiche, des weiteren in kleinerer Anzahl Weiß- und Schwarzstörche, Nebelkrähen, Rabenkrähen, Rallenreiher, Graugänse, Brautenten, Mäusebussarde, Flußseeschwalben, Gelbhaubenkakadus, Eichelhäher, Alpendohlen ... insgesamt über 30 Vogelarten. Dazu kamen Fische, Hunde, Katzen und Affen. Ab 1936 siedelten Graugänse in der Villa. Die Vergleichende Verhaltensforschung, als deren Begründer Lorenz nach dem Krieg gelten sollte, forderte ihren Tribut.

In den Jahren ab 1932 sorgte Gretl Lorenz als Ärztin für Gynäkologie für den Unterhalt der Familie. Als ihr Mann im Krieg war, zog sie mit den Kindern von Königsberg zurück nach Altenberg, dann, als die Lage prekär wurde, nach Vorarlberg in die Nähe der liechtensteinischen Grenze, bevor sie wieder zurück nach Altenberg kam. Ganz auf sich gestellt, brachte sie die drei Kinder und sich durch alle Widrigkeiten.

Iwan Pawlow hatte Anfang des 20. Jahrhunderts die Konditionierung entdeckt. Konditionierung ist Lernen über bedingte Reflexe. Wenn der Geruch des Futters seinem Hund das Wasser im Maul zusammenfließen ließ, war dies ein unbedingter Reflex. Läutete Pawlow zur Fütterung jedes Mal eine Glocke, dann ließ nach einigen Wiederholungen allein der Glockenton den Speichel fließen, ohne daß es was zu riechen oder zu beißen gab. Ein bedingter Reflex tritt nur am konditionierten Tier auf. Bei einem unkonditionierten Hund löst ein Glockenton niemals Speichelfluß aus. Auf dieser Grundlage sahen die sogenannten Behavioristen Tiere und Menschen als Reflexmaschinen. Verhalten, so ihre Überzeugung, sei das Resultat von Außenreizen mit Reflexketten. Tiere und Menschen seien bei Geburt unbeschriebene Tafeln, die allein durch die Umwelteinflüsse, insbesondere Dressur und Erziehung, beschrieben würden. Der berühmte Biologe Erich von Holst überzeugte dann Konrad Lorenz, der zunächst auch die Reflexkettentheorie annahm, daß die meisten Verhaltensabläufe keine Reflexketten sind. Basis des Verhaltens seien vielmehr die innere (endogene) Erregung von Nervenzellen bzw. ihre Hemmung. Innere oder äußere Reize könnten die Hemmung aufheben.

Anfang der 40er Jahre beschrieb Lorenz das „Kindchenschema": Ein großer Kopf im Verhältnis zum kleinen Körper, große runde Augen, eine gewölbte Stirn, Pausbäckchen und rundliche Körperformen werden als niedlich empfunden. Die Merkmale lösen nach einer Reizsummenregel bei Erwachsenen den Drang aus, ein Baby oder Kleinkind in den Arm zu nehmen und zu beschützen. Das Kindchenschema ist offenbar ein angeborener Auslösemechanismus, der bei Tieren meist auf die eigene Art beschränkt ist, bei Menschen auch auf Jungtiere anderer Arten ansprechen kann. Ein *angeborener Auslösemechanismus* (AAM) sorgt dafür, daß ein bestimmter Reiz bzw. eine Reizkombination eine charakteristische Verhaltensweise auslöst. Im Experiment läßt er sich am isolierten, unerfahrenen Versuchstier nachweisen.

Am 2. September 1940 übersiedelte Lorenz nach Königsberg, wo er sich den Lehrstuhl Immanuel Kants mit dem Philosophen Eduard Baumgarten teilte. Der Professor für Vergleichende Psychologie, der die Schriften Kants nie studiert hatte, ließ sich gleichwohl von dem großen Philosophen der Spätaufklärung zu einer biologischen Erkenntnistheorie inspirieren. Nach Kant gibt es eine Grundstruktur unseres Denkens, die der Erfahrung zugrunde liegt und ihr vorausgeht. Das brachte Lorenz auf den Gedanken, daß einige für das Überleben sehr wichtige Erkenntnisse in den Genen gespeichert werden.

Sein altes Manuskript aus der Kriegsgefangenschaft bildete später die Grundlage für sein nach eigener Einschätzung wichtigstes Buch *Die Rückseite des Spiegels*. Den Titel hatte ihm damals ein Mitgefangener vorgeschlagen. Es ist eine Naturgeschichte menschlichen Erkennens, die Lorenz „Evolutionäre Erkenntnistheorie" nannte. Das Buch, das 1973 erschien, enthielt schwere Kost und verkaufte sich nach den Rennern *Das sogenannte Böse* und *Die acht Todsünden der zivilisierten Menschheit* nicht so gut. Ausgangspunkt ist die Aussage: So, wie in der Evolution Organe oder Strukturen entstanden sind, so entstanden auch die angeborenen Verhaltensweisen und Lernfähigkeiten bei Tier und Mensch.

Lorenz stellte seinem Buch ein Wort Goethes voran: „Wär' nicht das Auge sonnenhaft, die Sonne könnt' es nie erblicken." Gemeint ist damit: So wie das Auge ein Abbild der Sonne und des Lichts ist, so bilden beispielsweise Flossen und die Bewegungsform der Fische die hydrodynamischen Eigenschaften des Wassers ab. Dies gelte ebenso für unseren Erkenntnisapparat, d. h. für das Ganze aus Sinnesorganen, zum Zentralnervensystem hinführenden Nervenbahnen und zentralem Nervensystem. Weil der Erkenntnisapparat stammesgeschichtlich in Anpassung an die Gewinnung von Erkenntnissen entstanden ist, ist er auch ein Abbild oder Spiegel der Beschaffenheit der Welt. In Lorenz Worten aus dem Jahr 1946: „Der naive Realist blickt nur nach außen und ist sich nicht bewußt, ein Spiegel zu sein. Der transzendentale Idealist blickt nur in den Spiegel und kann bei seiner Blickrichtung grundsätzlich nicht sehen, daß dieser Spiegel eine nichtspiegelnde Hinterseite hat ..., die ihn in eine Reihe mit den gespiegelten Dingen, mit der außersubjektiven Realität stellt ..., der Naturforscher aber sieht sowohl in der Organisation unserer Sinnesorgane und unseres Nervensystems als auch in dieser Welt selbst Teile des einen, realen Universums."

Leben ist ein Erkenntnisprozeß. Lebewesen gewinnen, speichern und verbreiten Erkenntnisse oder Informationen. Dies ist ein Kennzeichen des Lebens. Erstens speichern Gene Erkenntnisse. So kommen z.B. Küken mit einem Feindbild auf die Welt. Der grob schematische Umriß eines großen Vogels (oder Flugzeugs) am Himmel, der sich langsam bewegt, löst bei ihnen Flüchten und Verstecken aus. Genetisch gespeicherte Erkenntnisse über die Welt haben sich ebenso stammesgeschichtlich entwickelt und entwickeln sich weiter wie Flügel oder Flossen.

Zweitens speichern Sprache und Kultur Erkenntnisse, die verbreitet und an nächste Generationen weitergegeben werden. Daß Erfahrene erworbenes Wissen an Unerfahrene weitergeben, läßt sich bereits an Tieren beobachten.

Und drittens ist Lernen ein offenes Programm für die Gewinnung von Erkenntnissen. Mit Hilfe einer Grundausrüstung werden die frühesten eigenen Erkenntnisse über die Welt gewonnen und gespeichert. Je mehr Erkenntnisse gewonnen und gespeichert werden, um so mehr neue können hinzugewonnen werden. Dabei werden Daten nicht einfach nur angehängt. Das System schreibt sich gleichsam seine Software selbst, indem es in Wechselwirkung mit der Umwelt Programme zur Informationsverarbeitung schreibt und ändert. Der Mensch erreicht die Stufe geistigen Lebens, ohne das tierische Erbe abzulegen. Jeder Mensch ist ein einzigartiger Träger von Erkenntnissen. Sie sollen ausgetauscht und so als wertvolle Erkenntnisse erhalten werden.

Wie vordem hausten Dohlen im Dachstuhl der Villa in Altenberg, als Lorenz 1948 aus der Kriegsgefangenschaft zurückkehrte. Bald siedelte er weitere Tiere an und setzte die Verhaltensforschungen fort. Einige junge Wissenschaftler, darunter der spätere Human-Ethologe Irenäus Eibl-Eibesfeldt, kamen an sein Privatinstitut. Im Jahr 1949, als er seine Beobachtungen und Gedanken unter dem Titel *Er redete mit dem Vieh, den Vögeln und den Fischen* veröffentlichte, nahm ihn ein großes Publikum als einen naturbegeisterten und an Tieren emotional beteiligten Menschen wahr. Die Entwicklungsgeschichte des Hundes erzählte er ein Jahr später in *So kam der Mensch auf den Hund*. Darin nahm er irrtümlich an, daß die Hunderassen vom Wolf und Schakal abstammen. Wie später jedoch gezeigt wurde, stammen alle Hunde allein vom Wolf ab.

Die Max-Planck-Gesellschaft, die nach dem Ende des Zweiten Weltkrieges die Kaiser-Wilhelm-Gesellschaft ablöste, gründete 1950 im Wasserschloß Buldern bei Münster das Max-Planck-Institut für Verhaltensphysiologie. Wie human es dort zuging, schilderte der Mitarbeiter Eibl-Eibesfeldt: „In den Buldener Jahren von 1951 bis 1957 lebten wir wie eine Familie. Täglich fanden wir uns zum Kaffee bei Lorenz in der Mühle ein. Frau Lorenz war eine großzügige, unverdrossene Gastgeberin. Bei ihr fühlten wir uns wohl. Wir sonnten uns über Mittag bei den Gänsen und genossen die lebendige Art, in der Lorenz sein Wissen vermittelte. – Im übrigen ließ er uns frei wachsen und unseren Weg suchen. Jeder konnte im Grunde tun, was er wollte. Hatte einer eine Idee, fand er in Lorenz einen aufgeschlossenen, freundlichen Berater." Das Institut war nur ein Provisorium, und 1958 wurde das gleichnamige Institut in Seewiesen zwischen dem Ammersee und Starnberger See eröffnet, das sich zum Mekka der Verhaltensforscher entwickelte. Auf dem idyllischen Gelände am Eß-See, das der Nazi-Staat 1938 dem Kloster Andechs wegnahm, nachdem dieses die Steuerzahlung verweigert hatte, erforschte man auch biologische Rhythmen oder das Verhalten des Menschen. Lorenz, der ab 1961 das Institut leitete, hielt hier draußen seine „Seewiesener Moor-Vorlesungen". Die Mitarbeiter schätzten insbesondere den großen Freiraum und die anregende Arbeitsatmosphäre, für die Lorenz sorgte. Er ließ jeden machen, was er wollte. Sein Zimmer konnten Mitarbeiter jederzeit und ohne anzuklopfen betreten.

Nur Geld aufzutreiben war nicht sein Ding, er drückte sich regelrecht darum herum.

Jahrelang beobachteten er und seine Mitarbeiter aggressives Verhalten. Ihn interessierten weniger die Formen aggressiver Auseinandersetzungen als vielmehr das Entstehen von Aggressionsbereitschaft und von Aggressionshemmungen. Heftig umstritten war Lorenz' psychohydraulisches Modell: Aggressivität staue sich wie Wasser in einem Staubecken aufgrund einer angeborenen Stauneigung an. Nach Überschreiten einer Schwelle dränge die Aggressivität nach Äußerung und fließe – sofern die passende Reizsituation nicht eintrete – in Ersatzbefriedigungen über.

Interessant war in diesem Zusammenhang die Entdeckung einer angeborenen Aggressionshemmung bei Wölfen gegenüber ihren Artgenossen. Zwei Wölfe kämpfen hart und nicht selten blutig um die Rangordnung. Dann aber geschieht etwas Eigenartiges: Sobald der Unterlegene den Kopf hebt und dem Rivalen seine ungeschützte Kehle bietet, löst dies eine Beiß- und Kampfhemmung aus. Die Rangordnung ist damit besiegelt und wird fortan durch Gesten bestätigt.

In seinem Buch *Das sogenannte Böse* stellte Lorenz u.a. fest, daß die Entwicklung moderner Massenvernichtungswaffen das Töten nicht nur technisch, sondern auch psychologisch ungeheuerlich vereinfacht habe. Bomberpiloten oder Soldaten an Geschützen seien womöglich eigentlich gar nicht in der Lage, einen Menschen Auge in Auge zu töten. Der Gebrauch von Fernwaffen setze die natürliche Tötungshemmung nahezu außer Kraft. Im alltäglichen mitmenschlichen Verhalten hielt er Humor und Miteinander-Lachen für aggressionsabbauend. „Ich glaube, daß wir heute den Humor noch nicht ernst genug nehmen", bemerkte er einmal.

In den 60er und 70er Jahren geriet Lorenz ins Kreuzfeuer einer sehr viel weitergehenden Kritik, die ihn in die Nähe der Nazis rückte. Ausgelöst wurde dies vor allem durch einen Artikel aus dem Jahr 1940. In der Schrift *Durch Domestikation verursachte Störungen arteigenen Verhaltens* unterschied er „vollwertige" und „minderwertige" Menschen. Ob ein Mensch „vollwertig" ist oder nicht, entscheide seine genetische Konstitution. Norbert Bischof nennt dies ein Grundmuster faschistischer Menschenverachtung. Nach welchen Merkmalen ließen sich Menschen so klassifizieren?

Das „Minderwertige" lag nach Lorenz in emotionaler Infantilität begründet und in anderen Ausfallerscheinungen. Die seien wiederum in einem Prozeß der „Verhausschweinung" des Menschen entstanden, d. h. durch genetische Änderungen wie sie auch bei der Haustierzüchtung (Domestikation) auftreten. Dem Prozeß müsse entgegengewirkt und „die Rolle von irgendeiner menschlichen Körperschaft übernommen werden, wenn die Menschheit nicht mangels auslesender Faktoren an ihren domestikationsbedingten Verfallserscheinungen zugrunde gehen soll. Der rassische Gedanke als Grundlage unserer Staatsform hat schon unendlich viel in dieser Richtung geleistet. (...) wir müssen – und dürfen – uns hier auf die gesunden Gefühle unserer Besten verlassen und ihnen die Gedeihen oder Verderben unseres Volkes bestimmende Auslese anvertrauen."

Sprache und Ton des Artikels sind zweifelsohne chauvinistisch und menschenverachtend, wenn von „ethisch Minderwertigen" oder von „sozial minderwertigem Menschenmaterial" die Rede ist oder „die überaus große Vermehrungsziffer moralisch Schwachsinniger" festgestellt wird. Der bedrohliche Schluß, der Volkskörper werde von minderwertigen Elementen durchdrungen wie ein gesunder Körper von den Zellen einer bösartigen Geschwulst, klingt wie schlimmste Nazi-Rhetorik.

Die Theorie der Selbstdomestikation des Menschen war Lorenz idée fixe. Zeit seines Lebens rückte er nicht von ihr ab, vielmehr rekrutierte er sie immer wieder in seinen Büchern. Alec Nisbett berichtete von einem aufschlußreichen Erlebnis im Institut in Seewiesen, als Lorenz offen über seine Abneigung gegen die gezüchtete Moschusente sprach. Bei Filmarbeiten hatte er einmal einen Enterich ein „großes, häßliches Biest" genannt. Die Moschusente sei ein typisches domestiziertes Tier, ihre verstärkte Gier nach Fressen und Sex sei ihr angezüchtet. In seinen Schriften hatte er mehrfach herausgestellt, daß viele Haustiere fett, häßlich und dumm seien im Vergleich mit ihren schlanken, schönen und klügeren Wildformen, die in besser organisierten sozialen Verbänden lebten. Die Wildgans schien ihm hinsichtlich der Monogamie so etwas wie ein Vorbild für den Menschen abzugeben. Als herauskam, daß auch die Treue der Wildgans Grenzen hat, meinte er, die Gans sei eben auch nur ein Mensch. Tatsächlich war er überzeugt, es gebe in jedem Menschen einen angeborenen Sinn für Schönheit. Die fette, faule und zugleich sozial streßvolle Lebensweise des modernen Menschen sei Ausdruck seiner eigenen „Verhausschweinung".

Im Jahr 1973 teilten sich Konrad Lorenz, Nikolaas Tinbergen und Karl von Frisch den Nobelpreis für Medizin oder Physiologie. Im selben Jahr zogen Lorenz und Gretl wieder in die Altenberger Villa. Dort richtete er ein 32 000 Liter fassendes Aquarium ein, in das er selbstgegossene Kunstkorallen setzte. In seinen späten Jahren sorgte er sich mehr als zuvor um die Zukunft der Menschen. Die Crux bestehe darin, daß der Mensch, der seiner tierischen Herkunft nicht entwachsen sei, nicht so rational handeln könne, wie es die Probleme erforderten. Wir seien das „fehlende Glied" zwischen Tier und humanem Menschen. Er engagierte sich im Protest gegen das Atomkraftwerk Zwentendorf, die Verbauung der Donau und den Rhein-Main-Donaukanal.

„Konrad Lorenz: Von der Gans aufs Ganze" titelte Peter Brügge auf den Punkt gebracht im Magazin *Der Spiegel* 1988 über das Lebenswerk des greisen Verhaltensforschers.

Lorenz' Methode des ganzheitlichen Sehens oder der intuitiven Gestaltwahrnehmung geht auf die Gestaltpsychologie zurück. Das Gehirn neigt dazu, Informationen zu einem ganzen Bild zusammenzusetzen. Gestaltpsychologen betrachten Verhalten unter dem Blickwinkel von Ganzheit und Ordnung in der Welt und im Erleben. Lorenz nahm die vielgestaltigen Verhaltensmuster der Tiere in den Blick und deutete sie im Rahmen der Evolutionstheorie. Demgegenüber analysieren Physiologen und Neurologen die physiologischen Prozesse, die einem Verhaltensablauf zugrunde liegen, wie z.B. die Aktivitäten von Nervenzellen oder Drüsen. Am ganzen und freilebenden Tier konnte Lorenz jedoch Qualitäten wahrnehmen, die sich allein durch Messen und Zählen der Nervenprozesse nicht erfassen ließen. Diese beiden Zugänge zur Erforschung des Verhaltens, die Physiologie einzelner Prozesse und die systematische Beschreibung von Verhalten, ergänzen sich somit vortrefflich. Zudem kann es als Lorenz' Verdienst gelten, daß er im 20. Jahrhundert die Methode der Beobachtung erhalten und gegen den Vorwurf der Unwissenschaftlichkeit verteidigt hat.

Er habe sich manchmal vorgestellt, so Lorenz herzhaft lachend, wie sein Vater, der selber einmal ein Nobelpreiskandidat gewesen war, auf die Nachricht von den Nobel-Lorbeeren seines Sohnes reagiert hätte. „Es ist unglaublich", hätte er ausgerufen, „daß dieser Schurke den Nobelpreis kriegt – und vor allem für Dohlen!"

Konrad Lorenz starb am 27. Februar 1989.

*„Ich tat einfach nur das, was ich gerne tat."*

# Barbara McClintock (1902–1992)

Am 10. Oktober 1983 hat Barbara McClintock das Radio einge-schaltet. Der Nobelpreis für Medizin oder Physiologie, so der Sprecher, werde Barbara McClintock verliehen für die Erfor-schung *springender Gene*, die sie bereits Ende der 40er Jahre ent-deckt hat. Überrascht ist sie schon über die verspätete Ehrung. Aber sie gerät auch nicht aus dem Häuschen, und vor allem will sie keinen Rummel. Mit der Abgeklärtheit einer 81jährigen geht sie, wie sie es sich für diesen schönen Herbsttag vorgenommen hat, im Park Walnüsse sammeln.

Erst in den späten 70er Jahren hatten Genetiker ihre frühe Ent-deckung bestätigt und anerkannt. In ihrer Rede zur Nobelpreis-verleihung erklärt sie: „Mein Verständnis des Phänomens … war viel zu radikal für die Zeit. Neue Techniken erlaubten es zu er-kennen, daß das Phänomen universell war, aber das war erst Jahre später. In der Zwischenzeit wurde ich nicht eingeladen, Vorträge zu geben oder Seminare abzuhalten, außer bei seltenen Gelegen-heiten, oder in Komitees und Ausschüssen dabeizusein oder ande-re Aufgaben eines Wissenschaftlers wahrzunehmen. Dieses lange Intervall bereitete mir aber keine persönlichen Schwierigkeiten, statt dessen erwies es sich als reine Freude. Es gewährte mir die vollständige Freiheit, Untersuchungen ohne Unterbrechung fort-zuführen, und die reine Freude, die sie bereiteten."

Innerhalb kürzester Zeit verbreiten die Medien die Geschichte einer hochbegabten Frau, die als Wissenschaftlerin benachteiligt und nicht anerkannt wurde, sich jedoch nicht entmutigen ließ und schließlich doch noch zu Geld und Ruhm kommt. Dies fällt unter die Überschrift Moderne Mythenbildung. Denn Barbara McClintock hatte sich schon viele Jahre zuvor einen Namen gemacht. Im Jahr 1944 wurde sie in die angesehene *National Academy of Sciences* gewählt, ein Jahr später zur Präsidentin der Genetischen Gesellschaft von Amerika. Ab 1947 hat sie 13

Ehrendoktortitel und 15 wissenschaftliche Auszeichnungen oder Preise erhalten.

Im Jahr 1923 fühlt sich ein Zellforscher der Cornell Universität in Ithaca pikiert. Da arbeitet er nun schon seit Wochen und Monaten daran, die einzelnen Chromosomen im Zellkern des Mais zu unterscheiden, und dann kommt eine studentische Hilfskraft daher und löst das Problem in drei Tagen. Die Studentin hat eine neue Färbemethode leicht abgewandelt und mit ihr die Körperchen, die das Erbgut tragen, sichtbar gemacht. Barbara McClintock identifiziert auf diese Weise zehn Chromosomen und gibt jedem eine Zahl von 1 bis 10 – nach abnehmender Länge, vom längsten bis zum kürzesten Chromosom.

Im Jahr 1930 schlägt McClintock, mittlerweile Dozentin, der Studentin Harriet Creighton eine gemeinsame Untersuchung vor. Die beiden Frauen säen Mais, hegen und pflegen ihn und fertigen mikroskopische Präparate an. An einem Tag im Frühjahr 1931 besucht sie der bekannte Genetiker Thomas Hunt Morgan und erkundigt sich nach den Ergebnissen. Ob sie veröffentlichen wollen, fragt er. Harriet Creighton will noch auf die Ernte warten, um die Ergebnisse zu bestätigen. Doch Morgan ist anderer Meinung und drängt zur Publikation. Mit gutem Grund. Auf der anderen Seite des Atlantiks forscht der Deutsche Curt Stern über das gleiche Problem an Taufliegen. Er ist so weit, das letzte Experiment der klassischen Genetik durchzuführen. Ein paar Monate später, als Stern im Anschluß an seinen Vortrag seine Arbeit einreicht, nimmt ihn ein Kollege vom Kaiser-Wilhelm-Institut beiseite: „Ich möchte Ihnen ja nicht den Spaß verderben, doch es ist während Ihres Urlaubes ein Artikel erschienen, der von Harriet Creighton und Barbara McClintock verfaßt wurde; in dem steht, daß die beiden ähnliche Versuche wie jene, die Sie gerade als einzigartig dargestellt haben, am Mais durchgeführt haben."

In den 40er Jahren interessiert sich McClintock für Chromosomenbrüche, die zu Farbänderungen der Maiskörner führen. Das Chromosom Nr. 9 bricht an einer Stelle auf seinem kurzen Arm. Dies bewirkt ein Dissoziations-Gen, findet sie heraus. Es wird durch ein Aktivator-Gen eingeschaltet, das auf dem langen Arm des Chromosoms liegt. Eines Tages erhält sie gefleckte Maiskolben wie Indianermais. McClintock ist überrascht, denn aufgrund

*Barbara McClintock am 10. Oktober 1983,*
*nachdem ihr der Nobelpreis für Medizin zuerkannt worden war*

der Gene der Pflanze hat sie farblose Maiskörner erwartet. Sie nimmt Kreuzungen mit unterschiedlichen Maisstämmen vor und findet unter 4000 Maiskörnern jeweils eins mit einer neuartigen Fleckung. Eine Analyse der Chromosomen zeigt wieder Brüche in Chromosom Nr. 9, dieses Mal jedoch an einer anderen Stelle. Für die Expertin gibt es nur eine Erklärung: Das Dissoziationsgen muß gesprungen sein. Sie hat 1947 ein *springendes Gen* entdeckt.

Nach weiteren Kreuzungsversuchen und scharfen Überlegungen kommt sie zum Schluß, daß einige Gene keinen festen Platz auf ihrem Chromosom haben. Vielmehr wechseln sie offenbar ihren Standort von einer Generation zur nächsten, und das häufiger unter bestimmten Umwelteinflüssen wie zu großer Hitze. Das

Genom (Erbgut) des Mais – und womöglich auch anderer Organismen – ist nicht ein Leben lang unveränderlich fixiert, sondern unterliegt einer eigenen Dynamik.

Unmengen von Dokumenten stellt sie zusammen, dicke Kladden mit Aufzeichnungen und ein voluminöses Manuskript über springende Gene. Sie veröffentlicht ihre Ergebnisse und stellt sie 1951 auf dem Symposium in Cold Spring Harbor vor. Eisiges Schweigen, Gemurmel, Gekicher. Sie schreibt einen Artikel für das Blatt *Genetics*, hält Seminare, und im Jahr 1956 versucht sie es erneut auf dem Symposium in Cold Spring Harbor. Inzwischen haben James Watson und Francis Crick die Struktur der DNA aufgeklärt. Gene haben linear angeordnet zu sein, und springende Gene passen nicht zur herrschenden Lehrmeinung. In dieser Zeit verbreitet sich ihr Ruf, ihre Forschung sei ein bißchen verrückt und nicht ganz ernst zu nehmen. Ihre Befunde werden allenfalls als Kuriosität in einem anomalen System angesehen. Sie zieht sich zurück und arbeitet 20 Jahre weiter, bis die neue Forschung ihr recht gibt.


Sara war attraktiv, hatte Temperament, spielte Klavier, malte, dichtete. Ihr Vater, der Kongregationsgeistliche Benjamin Handy, beäugte mißtrauisch alle jungen Männer, die seiner Tochter nachstellten. Thomas Henry McClintock aus Massachusetts gefiel ihm nicht. Sei es, weil er schottischer Herkunft war, sei es, weil er seine ärztliche Ausbildung noch nicht abgeschlossen hatte – oder überhaupt. Gegen den Willen ihres Vaters heirateten Sara und Thomas und ließen sich in Hartford, Connecticut, nieder. Am 16. Juni 1902 kam Barbara als drittes Kind zur Welt. Nach ihren eigenen Worten besaß sie von frühester Kindheit an die Gabe, allein zu sein. „Meine Mutter setzte mich meist auf ein Kissen, das auf dem Boden lag, gab mir etwas zum Spielen und ließ mich anschließend allein. Sie sagte, ich hätte niemals geweint oder irgendeinen Wunsch geäußert." Die neue Arztpraxis lief noch nicht gut, weshalb die Mutter durch Klavierunterricht hinzuverdienen mußte. Als sie ein viertes Kind bekam, war sie oft überlastet und das Verhältnis zu Barbara gespannt.

1908 zog die Familie nach Brooklyn, New York City, und langsam ging es finanziell besser. Barbara wuchs einsam und unabhängig heran, las viel und interessierte sich für viele Dinge. Die

Eltern respektierten die Selbstbestimmung ihrer Kinder und setzten sie kaum unter Anpassungsdruck. Als Barbara einmal eine ausgeprägte Abneigung gegen eine Lehrerin entwickelte, nahmen die Eltern sie für ein halbes Jahr von der Schule. Sie liebte Mannschaftsspiele auf der Straße, Baseball, Football, Volleyball und Schlittschuhlaufen. Auf ihren Wunsch nähte eine Schneiderin ihr eine bequeme Hose. Gleichzeitig entwickelte sie einen ausgeprägten Wissensdurst, vor allem für Naturwissenschaften. Bei allem fiel es ihr nicht leicht, anders als die anderen Mädchen zu sein. Die beiden älteren Schwestern gingen den bürgerlichen Weg – High School, musische Betätigung, Heirat. Nicht so Barbara und ihr jüngerer Bruder Tom. Der riß als 20jähriger aus und fuhr zur See. Und Barbara, befürchtete ihre Mutter, entwickele sich zu einem seltsamen Menschen, der eines Tages nicht mehr zur Gesellschaft gehören werde.

1919 schrieb sich Barbara McClintock am College für Landwirtschaft der Cornell Universität in Ithaca ein. Jetzt gehörte sie zu jenen Frauen, zumeist aus der Oberschicht oder oberen Mittelschicht, die neue Bildungschancen wahrnahmen. In den Neuenglandstaaten gab es fünf reine Frauencolleges. Mehrere bedeutende Universitäten ließen auch Frauen zum Studium zu. Als Barbara 1923 ihren Collegeabschluß (Bachelor of Science) erwarb, waren unter den 203 Absolventen 74 Frauen. Während ihrer Collegezeit blühte Barbaras soziales Leben auf. Sie sah hell und aufgeweckt aus mit wachen Augen hinter runden Brillengläsern und krausen, kurzen Haaren. Sie hatte jüdische Freundinnen, lernte viele Leute kennen und wurde zur Sprecherin der Studentinnen gewählt. Einmal wollte eine akademische Verbindung von Studentinnen sie als Mitglied gewinnen. Sie zog ihre Zusage wieder zurück, als sie feststellte, daß der Club längst nicht jede aufnahm. Elitäre Vereine und Gesellschaften, die nicht allen offenstanden, stießen sie ab.

Eines Tages überflog sie die Fragen einer schriftlichen Prüfung. Es machte ihr Spaß, denn den Stoff beherrschte sie aus dem Effeff. Doch dann hatte sie einen Blackout der besonderen Art. Nicht, daß ihr plötzlich nichts mehr zum Thema eingefallen wäre, aber ... „Alles klappte mühelos, doch als ich dann meinen Namen eintragen mußte, hatte ich ihn schlichtweg vergessen; ich konnte mich um nichts in der Welt mehr entsinnen; und so blieb ich erst

einmal einfach an meinem Platz. Jemanden zu fragen, wie ich hei-
ße, wagte ich erst recht nicht, weil mir natürlich klar war, daß
mich jeder für übergeschnappt halten würde. Von Minute zu Minute wurde ich nervöser, bis mir endlich – nach beinahe 20 Minu-
ten – mein Name wieder einfiel."

Die Überfliegerin, die ihren Abschluß an der High School mit
einem Jahr Vorsprung gemacht hatte, war irritiert. „Ich nehme an,
daß das Ganze damit zusammenhing", bemerkte sie später, „weil
ich alles, was mit meinem Körper zu tun hatte, nur als lästig
empfand. Mir waren eben die Gegenstände und Ereignisse in
meiner Umgebung, die ich beobachten oder über die ich nachdenken konnte, von denen mir Augen und Ohren übergingen, viel
wichtiger. (…) Mein Körper war immer Ballast, den ich mit mir
herumschleppen mußte. Ich habe mir immer gewünscht, ein neu-
traler Beobachter sein zu dürfen anstelle jenes „Ichs", das meine
Mitmenschen kennen."

In ihrer Collegezeit ging sie auch mit Männern aus. Im
Gespräch mit Evelyn Fox Keller meinte sie dazu: „… doch
selbst wenn ich mich emotional sehr zu jemandem hingezogen
fühlte, so fühlte ich mich doch immer emotional angezogen,
nichts weiter. Diese Bindungen wären nie für ewig gewesen; ich
wußte, daß keine Beziehung mit irgendeinem Mann, den ich
getroffen hätte, von Dauer gewesen wäre. Ich war es einfach
nicht gewöhnt, mit einem Menschen eine enge Beziehung einzu-
gehen – selbst nicht mit Mitgliedern meiner eigenen Familie. (…)
Es gab einfach für mich keinen zwingenden Grund, mich persönlich an einen Menschen zu binden, ich sah einfach keinen solchen
Grund. Und vor der Institution der Ehe stand ich völlig ver-
ständnislos, ich verstehe sie noch heute nicht. (…) Ich hatte nie
ein Verlangen danach."

McClintock war auf dem Weg zur Wissenschaftlerin und Forscherin. Doch das bedeutete für sie keinesfalls, daß sie sich auf einen Karriereweg begeben hätte. Lebensplanung oder Karrierepla-
nung waren ihr fremd. „Ich tat einfach nur das, was ich gerne tat",
sagte sie, „der Gedanke an eine Karriere ist mir dabei nie gekommen. Letztlich habe ich eine wunderbare Zeit erlebt." Nach dem
Collegeabschluß wählte sie als Hauptfach Zellforschung (Zyto-
logie) in der Abteilung Botanik. Den Master erwarb sie 1925,
zwei Jahre später den Doktortitel.

Zwei Menschen wurden wichtig in ihrem Leben. Marcus Rhoades, ein sehniger Typ, dem sein starker Wille ins Gesicht geschrieben stand, sah eher wie ein Farmer aus dem mittleren Westen aus. Er war bestens vertraut mit der Chromosomenforschung der Morgan-Gruppe und kam als Doktorand an die Cornell Universität. Vom ersten Tag an verstand er sich mit McClintock. Und George Beadle, ein graduierter Student aus Nebraska – sozusagen im Maisfeld aufgewachsen – schrieb ebenfalls seine Doktorarbeit im Institut für Pflanzenzüchtung. Er sollte 1958 gemeinsam mit Edward Tatum und Joshua Lederberg den Nobelpreis erhalten. Die drei arbeiteten in der Zellforschung zusammen und führten fruchtbare Diskussionen. Sie luden eine Handvoll Auserwählter zu Privatseminaren ein, von denen sie ihren Professor ausschlossen. Es waren dies die goldenen Jahre der Maisgenetik. Rhoades sagte später über McClintock: „... ich erkannte vom ersten Moment an, daß sie gut war, viel besser als ich, und ich nahm ihr das nie übel. Ich habe ihre Arbeit immer voll gewürdigt. Der Grund? – Nun, mein Gott, für mich war das einfach sonnenklar – sie war eben etwas ganz Besonderes."

Gemeinsam mit Harriet Creighton erbrachte McClintock 1931 den experimentellen Nachweis für eine zentrale These der Genetik. Nach der Wiederentdeckung der Mendelschen Erbregeln galt es, jene Erbfaktoren zu finden. Bald standen die Chromosomen, anfärbbare Körperchen im Zellkern, im Verdacht, Träger der Erbfaktoren zu sein. Der Arbeitsgruppe um Thomas Morgan gelang es, viele Erbmerkmale der Taufliege auf den Chromosomen zu lokalisieren. Dabei machten sie sich die Genkoppelung zunutze. Gene werden nicht in beliebigen Kombinationen vererbt, sondern in Koppelungsgruppen. Die Gene eines Chromosoms bilden zunächst eine Koppelungsgruppe, weil bei der Bildung der Geschlechtszellen ganze Chromosomen voneinander getrennt werden. Es stellte sich jedoch heraus, daß Chromosomen Bruchstücke austauschen. Ein väterliches und ein mütterliches Chromosom brechen an einer Stelle auf, tauschen die Bruchstücke aus und verheilen wieder. Den Vorgang nennt man *Crossing-over*. Morgans Chromosomenkarten basierten auf der Überlegung, daß ein Crossing-over für zwei Erbfaktoren auf einem Chromosom wahrscheinlicher wird, wenn ihr Abstand wächst. Die Taufliegengenetiker schlossen von der Häufigkeit einer Genkombination, die durch Crossing-over entstanden war, auf den Abstand der entsprechenden Genorte auf dem Chromosom. Vor Harriet Creighton und Barbara McClintock hatte noch niemand direkt gezeigt, wie ein Crossing-over zu einer entsprechenden Überkreuzvererbung führte.

McClintock hatte zunächst eine Stelle als Tutorin und erhielt 1931 ein Stipendium des National Research Council. An die Universität von Missouri in Columbia kam sie auf Einladung des Genetikers Lewis Stadler. Dort behandelte sie Pollenkörner des Mais, die dominante Gene trugen, mit Röntgenstrahlen. Die energiereiche Strahlung löste Mutationen aus, die sich an der Färbung der aus ihnen erzeugten Pflanzen sowie deren Chromosomen ablesen ließen. Dabei fand sie einige bislang unbekannte Mutationen einzelner Chromosomenabschnitte. An einem Ende des Chromosoms Nr. 6 fiel ihr eine Struktur auf. Sie stellte fest, daß der Abschnitt die Organisation des Nucleolus bewirkte. Der Nucleolus ist am Bau der Ribosomen, der Proteinfabriken der Zelle, beteiligt. Sie nannte die Struktur NOR (nucleolar organizer region).

Bei einem Gang durch die Maisfelder in Missouri sah sie Pflanzen mit scheckigen Blättern. Die Scheckigkeit ist erblich, tritt hin und wieder auf und ist eigentlich nichts Ungewöhnliches. Als sie im Herbst einen Artikel über ein auffällig kleines Chromosom, womöglich ein Bruchstück, las, hatte sie einen Einfall. Sie stellte sich ein Ringchromosom vor, das sozusagen verlorenging, weil es sich nicht verdoppelte. Dabei wußte sie nicht, daß man Ringchromosomen erst kürzlich entdeckt hatte.

In all dieser Zeit arbeitete McClintock intensiv und konzentriert und mit Freude an der Sache. „Ich war so versessen auf meine Arbeit", sagte sie, „daß ich mich morgens kaum gedulden konnte, bis ich endlich aufstehen und loslegen konnte." Ein mit ihr befreundeter Genetiker bemerkte einmal, in dieser Hinsicht sei sie wie ein Kind, denn nur Kinder könnten es morgens nicht abwarten, mit ihrem Tagwerk zu beginnen.

Im Jahr 1933 erhielt sie ein Guggenheim-Stipendium für einen Forschungsaufenthalt im Deutschen Reich. Da Curt Stern bereits emigriert war, ging sie zu dem Genetiker Richard Goldschmidt an das Kaiser-Wilhelm-Institut in Berlin. Sie fühlte sich verunsichert und verängstigt. Mit ihrer Arbeit kam sie nicht klar, ohne daß es jemanden gab, mit dem sie darüber sprechen konnte. Sie fühlte sich schrecklich allein und schrieb viele Briefe. Kurz vor Weihnachten tauchte sie wieder in ihrem alten Labor an der Cornell Universität auf.

Die USA erholten sich nur langsam von der wirtschaftlichen Depression, und als Frau hatte sie es besonders schwer, eine wissenschaftliche Stellung zu erobern. Emerson und Morgan beantragten für sie mit Erfolg ein Stipendium bei der Rockefeller Stiftung. Im Sommer 1935 wurde es um ein weiteres Jahr verlängert. Morgan bezeichnete sie im Antrag als die weltweit beste Expertin in Zytogenetik des Mais. Er ging auch auf ihre „Identitätsprobleme" ein, die er darauf zurückführte, daß sie mit der Welt hadere, weil sie überzeugt sei, sie hätte weitaus mehr berufliche Chancen in der Wissenschaft, wenn sie ein Mann wäre.

Lewis Stadler von der Universität von Missouri in Columbia war dabei, ein Genforschungszentrum aufzubauen. Ihm gelang es, McClintock im Frühjahr 1936 zu einer Stelle als Assistenzprofessorin zu verhelfen. Wissenschaftlich produktiv, blieb sie in der für sie maßgeschneiderten Stelle eine Einzelkämpferin. Im menschlichen Umgang war sie schwierig, sie ärgerte sich, weil man ihre Verdienste nicht mit Privilegien honorierte. Evelyn Fox Keller, die viele Gespräche mit ihr geführt hat, schreibt in ihrer Biographie: „Zweifellos bedeutete Barbara McClintock für ihre Kollegen ein ernsthaftes Problem. Als Menschen mit einem Gefühl für Gerechtigkeit honorierten sie bereitwillig ihre Verdienste; sie waren sich voll über ihr Talent bewußt und anerkannten auch die besondere Bedeutung, die Barbara McClintocks Arbeit für die Entwicklung der Genetik hatte. Zudem waren sie gewillt, sich intensiv darum zu bemühen, daß ihr geholfen werde. Als Individualisten rechneten sie ihr auch die Tatsache, eine Frau zu sein, nicht als Nachteil an. Das Hauptproblem lag darin, daß es zu wenig Stellen für Frauen gab. Barbara McClintock verschlimmerte diese Situation aber noch dadurch, daß sie sich weigerte, in eine solche Frauenrolle hineinzuschlüpfen. Sie wollte sich in der Wissenschaft genausowenig „damenhaft" verhalten wie in normalen Alltagssituationen. Sie bestand mittlerweile auf dem Recht, mit genau demselben Maß wie ihre männlichen Kollegen gemessen zu werden. Anstatt also dankbar für die Bemühungen um ihre Existenzsicherung zu sein oder die Auszeichnungen, die sie erhielt, dankbar entgegenzunehmen, ärgerte sie sich über die fühlbare

Ungerechtigkeit, mit der ihre Qualitäten und diejenigen ihrer Kollegen behandelt wurden. Sie beharrte darauf, Verdienste mit Anrechten zu korrelieren. Aufgrund dieser Haltung fiel sie in den Augen vieler Kollegen nicht nur aus dem Rahmen, sondern geriet auch zum Problemfall – sie galt bald als Person, die sich ständig angegriffen fühlte."

Wiederholt fiel sie durch Unbedarftheit und Unangepaßtheit auf. Mal erkletterte sie eine Mauer, um durch das Fenster in ihr Labor einzusteigen, weil sie den Schlüssel vergessen hatte, mal erklärte sie einem Studenten, eine andere Universität böte ihm bessere Möglichkeiten – und erwies sich damit in den Augen der Universitätsangestellten als wenig loyal gegenüber ihrer Hochschule. Oder sie traf im Sommer ein paar Tage nach Vorlesungsbeginn in Columbia ein, weil sie in Ithaca noch zu tun hatte und es für sie keinen zwingenden Grund gab, rechtzeitig in Columbia zu sein. Schließlich redete sie sehr offen und direkt, was vielen nicht behagte, und hatte keine Geduld mit denen, die ihr nicht folgen konnten.

Im Sommer 1940 verkündete der Dekan, seitens der Universität bestehe keinerlei Interesse mehr, McClintock als Professorin zu behalten. 1941 quittierte sie ihren Job, als sie auf Nachfrage eine ähnlich lautende Antwort erhielt. Man ermutigte sie auch nicht, zu bleiben. Als der Dekan zwei Monate, nachdem McClintock gegangen war, hörte, sie sei als Mitglied für die National Academy of Sciences nominiert worden, winkte er mit Gehaltserhöhung und Beförderung, um sie zurückzugewinnen. Zu spät.

Barbara McClintock befand sich in einer Krise. Ihr Enthusiasmus für Forschungsfragen blieb. Doch der ihr eigene Stil und ihre Andersartigkeit vertieften sich. Stets schlug das Herz der Individualistin für das Andersartige. Sie meinte, das Andersartige werde in der Wissenschaft leicht übersehen, weil es aus dem Rahmen falle, um dann als Ausnahme, Meßfehler oder Verunreinigung abgetan zu werden.

Als sie ihren alten Freund Marcus Rhoades fragte, der mittlerweile an der Columbia Universität in New York City gelandet war, wo er denn seinen Mais anbauen wolle, doch wohl kaum in Manhattan, meinte der, er werde nach Cold Spring Harbor gehen. Wenn man von Manhattan aus 40 Meilen auf der 25A fährt, weist ein Schild auf das Biologische Forschungsinstitut von Long Island hin. In den Sommermonaten, wenn hier Symposien und Kongresse stattfinden, sieht man am Strand und im Ort überall Forscher und Biologen aus aller Welt die Köpfe zusammenstecken. Im Sommer 1941 beispielsweise trafen sich hier an der Nordküste von Long Island 60 Genetiker, darunter Max Delbrück und Salvador Luria. Als der neue Direktor der Abteilung für Genetik McClintock eine Stelle anbot, begann ihre lange und produktive Zeit in Cold Spring Harbor.

Im Jahr 1944 wandte sich ihr alter Freund George Beadle an der Stanford Universität hilfesuchend an McClintock. Er hatte den Schimmelpilz *Neurospora* untersucht und gezeigt, daß es Mutanten gab, denen bestimmte Enzyme fehlten. Niemand war in der Lage, an den Chromosomen des Schimmelpilzes direkt zu forschen, niemand hatte sie bislang überhaupt sichtbar gemacht. Ein Fall für McClintock. Zwei Monate arbeitete sie daran in Stanford. Zunächst hatte sie eine Heidenangst, sich vielleicht an dem Problem zu überheben. Nach ein paar Tagen war sie verzweifelt, sie erkannte die Chromosomen kaum, sie war verwirrt und wußte nicht mehr weiter. Da machte sie einen Spaziergang auf dem Campus, und auf einer Bank unter Eukalyptusbäumen hatte sie plötzlich eine klare Methode vor Augen. „Ich wußte plötzlich, daß ich das Problem lösen könnte und alles wieder ins Lot kommen würde."

Zunächst identifizierte sie sieben Chromosomen. Es gelang ihr, den genauen Verlauf der Reifeteilung, die sich nicht live beobachten ließ, anhand vieler Schnittpräparate zu rekonstruieren. Sie förderte die Kernverschmelzung im Fruchtkörper ans Tageslicht sowie die einzelnen Stadien der Reifeteilung in den Sporenbehältern. Zum Forscher David Perkins bemerkte sie über die Chromosomen: „Sie können denken, sie sind klein, wenn ich Ihnen Bilder von ihnen zeige. Aber wenn Sie sie anschauen, werden sie größer und größer und größer."

In Cold Spring Harbor züchtete McClintock in den 40er Jahren Mais, der fahlgelbe oder weiße Pigmentstreifen oder -flecken aufwies. Was bewirkte, daß die Pflanze im Laufe ihrer Entwicklung ihr Erbprogramm nach einem offensichtlichen Muster änderte, kurz, was bewirkte ihre genetische Instabilität? Sie wußte, daß er von Zellen abstammte, deren Chromosom Nr. 9 gebrochen war. In einigen Pflanzenabschnitten erschien die Mutationsrate gemessen an der Anzahl der Streifen im Blattgewebe erhöht, während sie im jeweils benachbarten Abschnitt vermindert war. Vermutlich stammten beide Pflanzensegmente von zwei Schwesterzellen ab, bei deren Teilung eine Mutation aufgetreten war. Crossing-over hatte einem Chromosom ein Gen weggenommen und es einem anderen gegeben.

Den Vorgang der Transposition springender Gene erklärte sie damit, daß ein Bruch rechts und links vom Dissoziationsgen ausgelöst und das Fragment an einer anderen Bruchstelle eingefügt wurde. Inzwischen weiß man, daß es im Genom vieler Organismen, darunter Bakterien, Pflanzen, Hefen, Würmer und Taufliegen, bewegliche Elemente gibt, die enzymatisch herausgelöst und an anderer Stelle oder auf einem anderen Chromosom eingefügt werden. Dabei lösen sie in vielen Fällen Mutationen aus. „Die Transposition erschien den damaligen Biologen völlig absurd", erinnerte sie sich. McClintocks Entdeckung der Transposition und ihre Erklärung der mit ihr verbundenen Vorgänge standen im Konflikt mit der herrschenden Lehrmeinung. Wenn Gene einer Regulation unterlagen, waren Gene dann noch die gesuchten Erbfaktoren? Wenn das Aktivatorgen mit Vorgängen in der Zelle gekoppelt war, übte dann nicht der Organismus einen Einfluß auf seine Gene aus? Einen solchen Einfluß sollte es nach der Theorie nicht geben. Noch wußte man nichts über genetische Regulation, wie sie Jacob und Monod 1960 aufdecken sollten. Noch hatten Gene statisch zu sein – bis auf Mutationen –, sie sollten zuverlässig die Information für Bau und Funktion des Organismus tragen.

Der andere Punkt war, daß offenbar niemand mehr McClintock, der einsamen Spitzenexpertin in Maisgenetik, folgen konnte. Evelyn Fox Keller ist der Ansicht, McClintock zu verstehen habe eine gemeinsame Sprache und Sichtweise bei Wissenschaftlern, kurz, einen Grad an Intersubjektivität vorausgesetzt, der zu der Zeit nicht gegeben war. Und man mußte ihre Schriften mit höchster Aufmerksamkeit und Geduld lesen, denn ihre Sprache war schwer verständlich.

Im Jahr 1955 stellte sie auf dem Symposium in Brookhaven ihr *Supressor-Mutator-System* vor. Das Supressor-Element unterdrückte im Zusammenspiel mit dem Mutator-Element eine bestimmte Genfunktion. In einem anderen Fall schnitt es das Mutator-Element aus und stellte so die ursprüngliche Genfunktion wieder her. Im Jahr 1960 berichteten die Franzosen François Jacob und Jacques Monod über genetische Regulationsmechanismen bei der Proteinsynthese. Neben einem Strukturgen, das ein bestimmtes Protein codierte, lag ein Operatorgen. Ein entfernt befindliches Regulatorgen codierte einen Repressor. Der Repressor verband sich mit dem Operatorgen und hemmte die Aktivität des Strukturgens. War in der Zelle jedoch ein bestimmtes Substrat vorhanden, verband dieses sich mit dem Repressor, so daß der Operator nicht mehr blockiert wurde.

Der Optimismus der Molekularbiologen in den 60er Jahren schien grenzenlos. Jacques Monod konstatierte: „Das Geheimnis des Lebens? Aber das dürfte doch – zumindest im Prinzip – im großen und ganzen, wenn auch nicht in allen Details bekannt sein." Ihr Modell, das Jacob und Monod mit biochemischen Methoden an Bakterien entwickelten, hatte Ähnlichkeit mit McClintocks Supressor-Mutator-System. Doch die Transposition von Genelementen lag noch hinter dem Horizont. Auch 1965 auf dem Symposium in Brookhaven stieß ihr Konzept nicht auf Verständnis.

Ende der 60er Jahre entdeckte man den Einbau von DNA-Sequenzen (Insertion) in das Erbgut des Darmbakteriums sowie die Translokation bestimmter Abschnitte. Letzte Zweifel an springenden Genen schwanden, als man Resistenzgene von Salmonellen gegen Antibiotika verfolgte. Die Gene bewegten sich anscheinend beliebig, einzeln oder in Gruppen. Später nannte man das komplizierte bewegliche System *Transposon*. Noch brachte man das Transposon nicht in Zusammenhang mit McClintocks Transposition, da es sich bei Bakterien um grundsätzlich andere Zellen handelte als bei Zellen mit Zellkern wie Maiszellen.

Im Jahr 1977 wiesen jedoch Patricia Nevers und Heinz Saedler ausdrücklich auf McClintocks Konzept hin. Auffällige Übereinstimmungen mit genetischen Vorgängen in Hefezellen kamen ans Tageslicht. Bald entdeckten Forscher springende Gene an der Taufliege, die sich meist in Mißbildungen wie z.B. einem Bein anstelle eines Flügels äußerten. 1991 entdeckten Forscher an der Universität von Michigan in Ann Arbor einen springenden DNA-Abschnitt beim Menschen, der für die Erkrankung eines Patienten mit Neurofibromatose verantwortlich war. In dessen Gen für das Nervenzellwachstum war eine Alu-Sequenz gehüpft und hatte es inaktiviert. Und Wissenschaftler der Johns-Hopkins-Universität in Balitmore konnten ein menschliches springendes Gen sozusagen in flagranti ertappen.

Springende Gene werden meist wie andere Gene auf das Genom der nächsten Generation übertragen, d.h. vertikal. Bald zeigte sich jedoch, daß darüber hinaus einzelne Gene von Bakterien horizontal, d.h. von einer Bakterienzelle auf eine andere, übertreten können. Seit Jahren gibt es Hinweise dafür, daß horizontale Genübertragung auch bei Taufliegen vorkommt. Doch daß Gene zwischen nichtbakteriellen Organismen springen, konnte bislang in keinem Fall bewiesen werden.

Als sich herausstellte, daß Antikörper in Abhängigkeit von regelmäßig auftretenden genetischen Umordnungen gebildet wurden, erhielt die Vermutung Nahrung, springende Gene würden vielleicht auch in normalen Entwicklungsprozessen eine Rolle spielen. Im Jahr 1978 behauptete McClintock, das Genom einiger, wenn nicht sogar aller Organismen sei sehr instabil und könne sich innerhalb kürzester Zeit drastisch verändern. Es sei in hohem Maße dynamisch und unterliege einer den Genen übergeordneten Regulation. Springende Gene spielten eine bedeutende Rolle sowohl in der Entwicklung eines Organismus als auch in der Evolution.

Bis heute scheiden sich hieran die Geister. Der Genetiker Peter Starlinger von der Universität zu Köln schätzt die Bedeutung springender Gene in der Biologie als relativ gering ein. Ihr Einfluß auf die Evolution sei bislang ebensowenig bewiesen wie andere mögliche Funktionen. Demgegenüber ist Matthew Meselson von der Harvard Universität überzeugt, die Geschichte werde Barbara McClintock „als die Begründerin einer neuen, feiner und komplizierter gebauten Genetischen Theorie" ansehen, die heute erst vage verstanden werde.

Nach der Auszeichnung mit dem Nobelpreis ging ihr Leben in Cold Spring Harbor wie gewohnt weiter. Sie stand früh auf, machte Gymnastik, frühstückte, ging spazieren. Um 7 Uhr war sie in der Bibliothek und las die neuesten wissenschaftlichen Zeitschriften. Anschließend ging sie ins Labor, wo sie täglich 12 Stunden gearbeitet haben soll. Sie habe im Labor gewohnt mit Sessel, Fernseher und Rohkost im Kühlschrank, meinte Peter Starlinger. Gefragt, was sie in ihrem Leben besser anders gemacht hätte, sagte sie: „Ich habe solch eine gute Zeit gehabt. Ich kann mir nicht vorstellen, eine bessere zu haben ... Ich habe ein sehr, sehr befriedigendes und interessantes Leben gehabt. Ich konnte es am Morgen nicht abwarten, ins Labor zu gehen, und ich haßte es einfach zu schlafen."

Am 2. September 1992 verstarb Barbara McClintock an einer Grippe.

*„Wir glauben, wir haben den grundlegenden*
*Mechanismus gefunden, durch den Leben*
*aus Leben entspringt."*

James Watson (\*1928) und Francis Crick (\*1916)

Maurice Wilkins steckt seinen Kopf zur Tür herein mit den Worten, sie seien da. James Watson, von allen Jim genannt, und Francis Crick springen auf und begrüßen die Besucher aus London. Doch bevor Crick auch nur ein paar Worte zum Warmwerden sagen kann, will die Besucherin Rosalind Franklin wissen, wie das Modell denn nun aussieht. Crick räuspert sich. Nun ja, es handele sich um eine Helix (Schraubenform) aus drei Ketten. Mehrere Argumente sprächen für die Spiraltheorie. Das Modell stehe in Einklang mit einigen Gleichungen, die er ihnen gerne zeige. Maurice Wilkins bemerkt mit Blick auf die Blätter trocken, die Ableitungen seien seinem Kollegen Stokes vor einiger Zeit auf der Heimfahrt auch eingefallen, nichts Neues.

Rosalind Franklin is definitely not amused. Erstens, sagt sie scharf, zeigten ihre besten Röntgenaufnahmen nicht eindeutig, daß das Molekül eine Helix sei. Zweitens könnten die Gerüstketten nicht innen liegen. Und drittens stimme die Raumstruktur nicht. Das Modell sei viel zu kompakt. Wo denn noch Platz für die Wassermoleküle sei, fragt sie. Peinlich für Watson, der sich nach einem Vortrag von Rosalind Franklin den Wassergehalt einfach falsch gemerkt hat. Beim gemeinsamen Mittagessen gibt sich Crick ungewohnt kleinlaut, erzählt irgendwas, Watson dreht sein Sherryglas. Zurück im Labor hebt Crick an, ihr Modell sei wohl noch nicht fertig, die Zwischenräume werde man vergrößern, überhaupt sei zu prüfen, ob tatsächlich Magnesiumionen die Ketten zusammenhalten. Als Wilkins auf die Uhr schaut und bemerkt, sie würden den Zug gerade noch schaffen, sind die Londoner Kollegen auch schon wieder fort.

Am nächsten Tag zitiert der Direktor des Cavendish Laboratoriums in Cambridge Crick in sein Büro. Sir Lawrence Bragg,

*Francis Crick, um 1962*

eisern unter seinem Tweed-Anzug, ist aufgebracht. Er verbietet Crick, weiter über DNA (deoxyribonucleic acid = Desoxyribonukleinsäure) zu forschen. Dies sei Sache der Londoner Kollegen. Hier im Cavendish Labor werde über Proteine gearbeitet, und Crick habe sich daran zu halten. Wenn der *Medical Research Council* erfahre, daß er Doppelforschung finanziere, seien sie alle ihre Jobs los. Nein, keine Diskussion. Und Watson solle sich wieder auf seine Arbeit mit Bakterienviren konzentrieren.

Ihr Geniestreich ist geplatzt. Weihnachten 1951 scheint es aus zu sein mit ihrem Puzzle DNA, das sie erst vor sechs Wochen begonnen haben. Doch so schnell gibt Watson nicht auf, der sich schon als Teenie in den Kopf gesetzt hat, die Nuß der Nüsse zu knacken. Was ist ein Gen? Wenn DNA wirklich die Erbsubstanz ist, woran er nicht zweifelt, wie ist sie gebaut? Vorerst wird er die Erbsubstanz an Viren erforschen. Auch Crick gibt nicht klein bei, niemand könne ihm vorschreiben, sagt er, über was er nachdenke.

Das folgende Jahr sammeln sie, was sie kriegen können, über DNA, und lernen viel und schnell. Watson besorgt sich ein Viruspräparat und probiert monatelang Röntgenbeugungsaufnahmen. Als er eine neue, schnelle, starke Röntgenröhre verwendet, erhält er ein Bild, auf dem „verräterische Spiralmuster" zu sehen sind. Auch Crick erkennt auf Anhieb die Spiralreflexe des Virus.

Und einmal sind sie ganz dicht dran. Crick hegt den Verdacht, die organischen Stickstoffbasen müßten innen und die Gerüstkette aus Zucker-Phosphat außen liegen. Aber auch das ist räumlich und chemisch schwer zu verwirklichen. Er stellt sich vor, daß die Basen übereinandergestapelt sind – wie die zwei Packen eines Kartenspiels beim Mischen – und sich irgendwie anziehen. Der Mathematiker John Griffith schlägt vor, daß sich die vier verschiedenen Basen in dem Riesenmolekül zu Paaren verbinden. Adenin soll sich stets mit Thymin und Guanin mit Cytosin paaren. Doch Crick sieht nur, daß die Basen nicht zusammenpassen, weil sie in zwei unterschiedlichen Molekülformen auftreten können. Zudem hat er die Vorstellung aufgegeben, daß Wasserstoffbindungen die Basen zusammenhalten. Entscheidend ist aber: Crick weiß nicht, was der Biochemiker Erwin Chargaff über die Mengenverhältnisse der vier Basen herausgefunden hat. Daher verfolgt er die Spur nicht weiter.

Im Januar 1953 hält Watson ein Manuskript von Linus Pauling über die Struktur der DNA in zittrigen Händen. Der Maestro der Biochemie vom *California Institute of Technology* (Cal Tech) in Pasadena, Entdecker der Alpha-Helix der Proteine, hat es offenbar wieder geschafft. Pauling schlägt ein Modell vor, das Watson und Crick bekannt vorkommt, weil es auf den ersten Blick wie ihr eigenes frühes Modell aussieht. Wie ärgerlich. Gebannt starrt Watson auf das Papier. Und dann traut er seinen Augen nicht, der international bekannte Chemiker hat die Phosphate der drei Ketten über Wasserstoffbrücken verbunden, so daß sie keine negativen Ladungen mehr tragen. In Paulings Modell ist die Nukleinsäure keine Säure! Watson und Crick triumphieren. Sie rechnen nach: Paulings Manuskript ist bereits an die Fachzeitschrift *Proceedings of the National Academy* abgeschickt. Spätestens Mitte März wird der Fehler auffallen, und dann wird Pauling ihn schleunigst korrigieren und ein neues Modell vorschlagen. Sie haben also einen Vorsprung von geschätzten sechs Wochen.

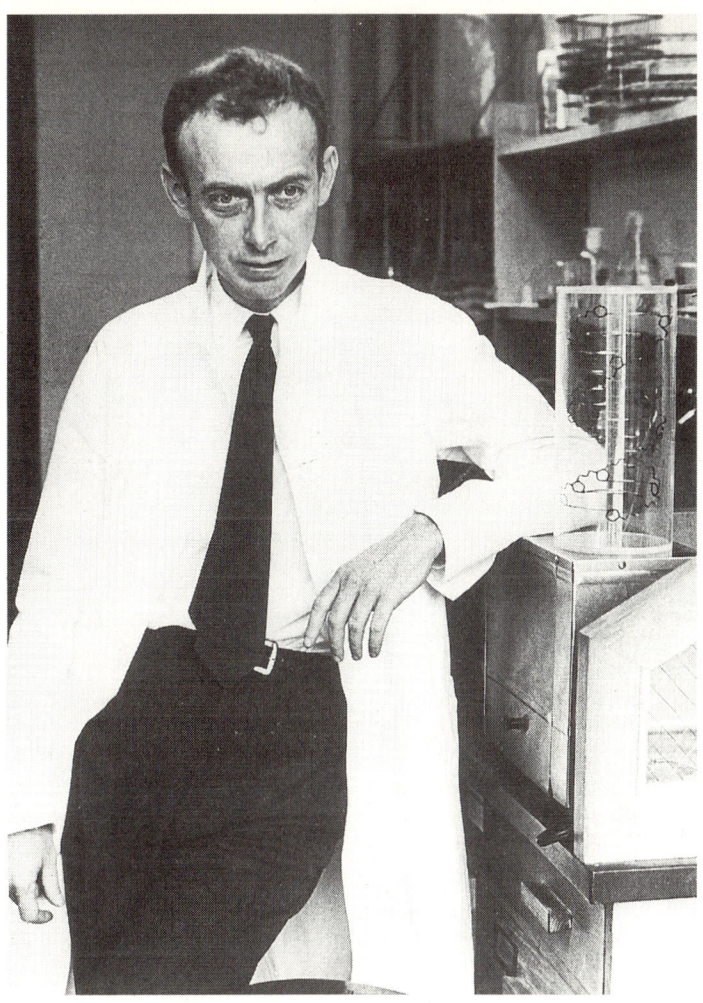

*James Watson in seinem Labor, 1962*

Watson fährt zu Wilkins und Franklin nach London. Als Wilkins ihm eine Röntgenaufnahme von Rosalind Franklin zeigt, klappt Watson der Unterkiefer herunter und sein Puls flattert. Es handelt sich eindeutig um eine Helix. Ein vollständiger Schraubenumgang besteht aus zehn Bauteilen und ist 34 Ångström (3,4 millionstel

Millimeter) hoch. Watson behält die Zahlen im Kopf. Zurück in Cambridge läßt er in der Werkstatt Metallteile für ein Modell anfertigen. Noch ehe die Modellteile fertig sind, schneidet er die Molekülformen der Basen aus Karton aus. Crick hat inzwischen herausbekommen, daß die DNA aus zwei gegenläufigen Ketten besteht – vergleichbar zwei Bleistiften, die Spitze an Ende nebeneinander liegen, d.h. eine Kette steht auf dem Kopf. Die Gerüstkette verlagern sie nach außen, die Basen ins Innere der Helix. Watson probiert verschiedene Basenpaarungen in verschiedenen Lagen aus. Bisher hat er laut Lehrbuch immer eine von zwei möglichen Molekülformen verwendet. Was ist mit der anderen Form? Am 28. Februar 1953 stößt er auf die Antwort: In der anderen Form verbindet sich Adenin mit Thymin und Guanin mit Cytosin über Wasserstoffbrücken. Crick, der hinzukommt, sieht sofort, daß die gegenläufige Symmetrie gegeben ist. Ein paar Tage später enthüllen sie im Labor ein über zwei Meter hohes, lockeres Gerüst aus lauter Metallplättchen, -stäbchen und Klammern, das als das *Watson-Crick-Modell* in Lehrbücher und die Wissenschaftsgeschichte eingehen wird.

Am 25. April 1953 verlauten sie in der renommierten Wissenschaftszeitschrift *Nature*: „Wir möchten hiermit eine Struktur für das Salz der Desoxyribonukleinsäure (DNA) vorschlagen. Diese Struktur besitzt neuartige Eigenschaften, die von beträchtlichem biologischen Interesse sind." Der nur 128 Zeilen lange Artikel klingt mit dem Satz aus: „Es ist unserer Aufmerksamkeit nicht entgangen, daß die spezifische Paarbildung, die wir hier voraussetzen, unmittelbar auf einen möglichen Kopiermechanismus für das genetische Material schließen läßt."

Die Worte waren britisches Understatement. Seinem Sohn Michael schrieb Crick: „Wir glauben, wir haben den grundlegenden Mechanismus gefunden, durch den Leben aus Leben entspringt." Mit dem Wissen um den Bau der Erbsubstanz betraten Biologen einen neuen Kontinent. Nie zuvor war der Zusammenhang zwischen Struktur und Funktion eines Moleküls plausibler. Die Struktur der DNA erhellte vollständig ihre Funktion als Blaupause. Erstens: Die besondere Struktur der Doppelhelix mit ihrer gesetzmäßigen Basenpaarung legte nun nahe, auf welche Weise die Erbsubstanz vor jeder Zellteilung verdoppelt wird: Die Doppelhelix reißt in der Mitte wie ein Reißverschluß dadurch auf, daß die Wasserstoffbrücken gelöst werden. Es entstehen zwei getrennte Einzelabschnitte. Jetzt treten einzelne Nukleotide, Basen mit einem Zucker- und Phosphatmolekül, an die passenden Stellen der beiden Einzelstränge: A zu T sowie G zu C und umgekehrt. Sind alle Stellen neu besetzt, sind zwei identische Doppelhelices entstanden. Diese Vorstellung ließ sich bald experimentell bestätigen.

Die zweite naheliegende Vermutung betraf die Erbinformation. Die Reihenfolge der Basen entlang des langen DNA-Fadens, ihre Sequenz, mußte etwas zu bedeuten haben. Wie Zeilen aus 26 Buchstaben sprachliche Information enthalten, speichert die Doppelhelix mit ihren vier Buchstaben, den Basen A, T, G und C, genetische Information. Ihren Vorschlag über die Vervielfältigung der DNA und daß „die genaue Basensequenz den Code darstellt, der die genetische Information enthält", lieferten Crick und Watson am 30. Mai in *Nature* nach. Tatsächlich zeigte sich im Laufe der folgenden 13 Jahre, daß die Basensequenz nach einem festen Code die Zelle anweist, welche Aminosäuren in welcher Reihenfolge zu spezifischen Proteinen zusammengesetzt werden. Proteine – dazu gehören Enzyme, Hormone, Antikörper, zahlreiche Bau-, Transport- und Farbstoffe – führen nach den Anweisungen der Gene Regie im Organismus und prägen seine besonderen Merkmale. Wie der genetische Code geknackt wurde, ist allerdings eine andere Geschichte.

Im Jahr 1968 trat Watson mit seiner Version der Geschichte an die Öffentlichkeit. Sein früherer Chef Max Perutz sagte über das Buch *The Double Helix*: „Die Leute rümpfen über Watsons Buch die Nase, weil sie meinen, er habe in Cambridge nur Tennis gespielt und mit den Mädchen geflirtet. Aber gerade das war der entscheidende Punkt. Ich habe Watson oft beneidet. Mein wissenschaftliches Problem verschlang Tausende von Stunden harter Arbeit, von Messungen und Berechnungen. Ich dachte oft, es müsse irgendeine elegante, einfache Lösung geben. Doch es gab sie nicht. Für Watsons Problem gab es diese elegante Lösung, und das war es, was ich bewunderte. Er fand sie, teilweise, weil er nie harte Arbeit mit gründlichem Nachdenken verwechselte. Er weigerte sich stets, das eine durch das andere zu ersetzen. Natürlich hatte er Zeit für Tennis und Mädchen."

Sich selbst beschrieb Watson als clever und zielstrebig, aber auch auf eine offene Art als naiv, unwissend und unerfahren. Der Student, der sich um jeden Chemie- und Physikkurs drückte, hatte sich einmal zu einem Kurs in organischer Chemie überreden lassen. Als er einmal Benzol mit einem Bunsenbrenner erwärmte, befreite man ihn schnell wieder vom Kurs. Oder er beschrieb, wie er – der früher einmal als Wunderkind in einer Quizsendung in Chicago aufgetreten war – bei einem gesellschaftlichen Wortspiel jedesmal, wenn sein schwacher Beitrag verlesen wurde, am liebsten im Boden versunken wäre und vor Verlegenheit das ganze Konfekt aufaß. Er gab auch freimütig zu, daß er Franklins Vortrag nicht folgen konnte und den Wassergehalt der DNA schlicht vergessen hatte.

Mit *Die Doppel-Helix* machte sich Watson den Spaß, den Wissenschaftsbetrieb vom Weihrauch aus Geistesblitzen und streng logischem Vorgehen zu befreien. Er entlarvte ihn als chaotisch, irrational und witzig. Wissenschaftler tratschten und tranken Kaffee. Unvergeßlich der erste Satz im ersten Kapitel: „Ich habe Francis Crick nie bescheiden gesehen." Crick war natürlich wütend über das Buch. Sie hätten doch damals Tag und Nacht um die Lösung komplizierter Fragen gerungen und nicht soviel geklatscht, wie Watson schrieb. Cricks Kollegen im Labor schlugen als Titel für eine alternative Darstellung vor „Heller als tausend Jims", und Crick favorisierte „Die lockere Schraube".

Horace Judson bezeichnete die Geschichte der Entdeckung der DNA-Doppelhelix als eine Komödie. „Es waren eher Witz, Scharfblick und Glück, die das Rennen machten, als Gründlichkeit und harte Arbeit: Es war ein Sieg der Grashüpfer über die Ameisen, und die Ameisen sind bis auf den heutigen Tag beleidigt." Tatsache ist: Watson und Crick haben kein einziges Experiment mit DNA durchgeführt. Sie haben ausschließlich Erkenntnisse zusammengetragen und ihr Modell gebaut. Vielleicht 12 Wissenschaftler standen dicht vor der Entdeckung, darunter 5 Hauptakteure. Dieses Stück Wissenschaftsgeschichte spielte an wechselnden Schauplätzen – am Cavendish Laboratorium in Cambridge, am Labor des King's College in London, am Cal Tech in Pasadena, in den Sälen wissenschaftlicher Tagungen und im Pub *Eagle*.

James Dewey Watson wurde am 6. April 1928 in Chicago geboren. Seine Familie war arm, der Vater Schuldeneintreiber, die Mutter arbeitete im Büro und war aktives Mitglied der Demokratischen Partei. Im Alter von 15 Jahren schrieb er sich an der Universität ein, die Studenten bereits zwei Jahre vor dem High-School-Abschluß zuließ. Der begeisterte Vogelbeobachter graduierte drei Jahre später und studierte noch ein Jahr Zoologie. Nach der Lektüre des Essays *Was ist Leben?* des österreichischen Physikers Erwin Schrödinger war er „gefesselt von der Idee, das Geheimnis der Gene zu entschleiern." Die Zeit war gekommen, in der sich Physiker und Chemiker in aller Welt an die Erforschung des Lebens machten. Watson ging an die Universität von Indiana in Bloomington, wo Hermann Muller an Taufliegen über Vererbung forschte und Salvador Luria lehrte und arbeitete. Luria, ein italienischer Mikrobiologe, und der Physiker Max Delbrück aus Berlin hatten mit der Erforschung der Bakterienviren oder Phagen begonnen. In einem berühmten Experiment hatten dann Alfred Hershey und Martha Chase gezeigt, daß das Virus seine Nukleinsäure in das Bakterium einschleuste und die Kontrolle über dessen Stoffwechsel übernahm. Daß die DNA die Trägersubstanz der Erbinformation war, hatte Oswald Avery nahegelegt. Er und seine Mitarbeiter hatten die DNA von Erregern der Lungenentzündung auf harmlose Artgenossen übertragen und dabei die gefährliche Eigenschaft weitergegeben. Gleichwohl war man sich unsicher, ob die DNA die Trägersubstanz der Erbfaktoren oder Gene war. Denn die DNA schien sehr regelmäßig gebaut zu sein. Wie aber sollte ein sich wiederholendes Molekül eine große Menge Erbinformation speichern? Nur die kompliziertesten und vielfältigsten Moleküle, die Proteine, kamen nach Ansicht vieler Wissenschaftler hierfür in Frage.

Nach seiner Doktorarbeit unter Luria wollte der 22jährige Watson in Europa arbeiten, wo ihm „die bedächtigeren Traditionen (...) für das Ausdenken erstklassiger Ideen besonders gut geeignet" schienen. Luria verschaffte ihm ein Merck-Stipendium des *National Research Council* beim Biochemiker Herman Kalckar in Kopenhagen. Eigentlich wollte Watson die ungeliebte Chemie umgehen, hatte er sich doch in den Kopf gesetzt, die Struktur der Gene ohne viel Chemie aufzuklären. Kalckar nahm Watson nach Neapel zu einer Tagung mit. Und dort war er Zeuge einer Welturaufführung: Als Maurice Wilkins die erste Röntgenaufnahme der DNA an die Leinwand warf, ging Watson ein Licht auf: Wenn die DNA Röntgenstrahlen beugte, dann mußte sie eine regelmäßige, sich wiederholende Struktur besitzen. Mit Hilfe der Röntgenstrukturanalyse würde sie sich aufklären lassen. Auf seinen Wunsch hin kam der junge Stipendiat ans namhafte Cavendish Laboratorium in Cambridge, dessen Arbeitsgebiet traditionell die Experimentalphysik war. Sein Direktor Sir Lawrence Bragg hatte vor dem Ersten Weltkrieg die Röntgenstrukturanalyse begründet.

Röntgenstrukturanalyse – hinter diesem Wort verbirgt sich ein Verfahren zur Aufklärung der Architektur von Kristallmolekülen. Das Prinzip läßt sich an Lichtphänomenen veranschaulichen: Hält man eine Schallplatte ins Licht, dann sieht man Regenbogenfarben auf ihr schimmern. Die Physiker sagen, das Licht wird von den feinen Rillen der Scheibe gebeugt. Woran liegt das? Licht ist aus allen Farben des Spektrums zusammengesetzt, die Farben besitzen unterschiedliche Wellenlängen. Wenn Licht auf die Rillen trifft mit knapp 0,1 mm Abstand, reagieren die regelmäßigen Lichtwellen auf die regelmäßigen Rillen. Lichtwellen verschiedener Wellenlängen werden in verschiedene Richtungen abgelenkt. Die Pointe dabei ist: Umgekehrt können Physiker von den abgelenkten Wellenlängen und dem Muster der Beugung auf die feinen Strukturen schließen. Die Röntgenstrukturanalyse verwendet Röntgenstrahlen. Ihre Wellenlänge ist 5 000- bis 10 000mal kleiner als die von Licht. Wird ein Kristall geröntgt, dann wird der Röntgenstrahl durch das Atomgitter des Kristalls nach Gesetzmäßigkeiten gebeugt und erzeugt dahinter auf einer Fotoplatte ein charakteristisches Muster aus schwarzen Flecken. Nach Röntgenaufnahmen verschiedener Positionen der kristallinen Substanz läßt sich die Struktur des Moleküls stückweise erschließen. Es ist bis heute eine Technik, die viel Erfahrung und Fingerspitzengefühl erfordert. Nicht nur echte Kristalle, sondern auch kristalline oder quasikristalline Moleküle, die regelmäßig gebaut sind, hinterlassen charakteristische Spuren.

Im Oktober 1951 traf Watson auf den 35jährigen Crick. Der Doktorand mit saphirblauen Augen und einem leicht schelmischen Zug um die schmalen Lippen fiel dadurch auf, daß er viel redete. Crick, am 8. Juni 1916 in der Nähe von Northampton als

Sohn eines Schuhfabrikanten geboren, hatte Physik am University College in London studiert. Während des Krieges war er an der Entwicklung von Minen und Minensuchgeräten für die Marine beteiligt. Er war überzeugter Atheist, der versuchen wollte „zu zeigen, daß die Gebiete, die anscheinend zu geheimnisvoll waren, als daß sie mit Physik und Chemie erklärt werden könnten, in der Tat so erklärt werden konnten". Auch Francis Crick wollte es wissen. Fasziniert von Schrödingers *Was ist Leben?* war er versessen darauf, Lebensprozesse physikalisch aufzuklären. 1949 kam er ans Cavendish Labor, wo eine Wissenschaftlergruppe unter Leitung des Österreichers Max Perutz die Struktur des Hämoglobins, des roten Blutfarbstoffs, erforschte. Perutz sagte über ihn: „Zunächst las Crick alles, was wir veröffentlicht hatten. Dann begann er, uns zu kritisieren." Crick war extrovertiert, ein schneller Denker, der viel redete, auch ins Unreine. Dagegen galt Watson vielen als introvertierter Einzelgänger und Exzentriker. Crick war bekannt für seine Ideen, die er durchaus nicht für sich behielt; vielmehr machte es ihm Spaß, seinen Kollegen Theorien für ihre Forschungsfragen vorzuschlagen. An seinem markanten Lachen, so Watson, ließ er sich stets im Haus lokalisieren.

„Jim und ich hatten uns von Anfang an verstanden", schrieb Crick später, „teils, weil sich unsere Interessen auf erstaunliche Weise trafen, teils auch, nehme ich an, weil uns beiden eine gewisse jugendliche Arroganz, Skrupellosigkeit und Ungeduld gegenüber nachlässigem Denken eigen war." Der Forschungsstudent und der amerikanische Besucher wurden in einen Raum gesetzt und begannen zu diskutieren. Der Chemiker Linus Pauling hatte die Primärstruktur der Proteine entdeckt, die sogenannte *Alpha-Helix*. Pauling hatte ein kompliziertes Molekülmodell gebaut, das er in spannenden Vorträgen enthüllte. Watson kam bald dahinter, „daß Paulings Leistung ein Produkt des gesunden Menschenverstandes und nicht das Ergebnis komplizierter mathematischer Überlegungen war. (…) Die Alpha-Spirale war nicht etwa durch ewiges Anstarren von Röntgenaufnahmen gefunden worden. Der entscheidende Trick bestand vielmehr darin, sich zu fragen, welche Atome gern nebeneinander sitzen. Statt Bleistift und Papier war das wichtigste Werkzeug bei dieser Arbeit ein Satz von Molekülmodellen, die auf den ersten Blick dem Spielzeug der Kindergarten-Kinder glichen."

Das Modellbauen, das lernten sie beide von Pauling, das Modellbauen war der Schlüssel. Zum Mittagessen gingen sie ins *Eagle*, einen Pub, wo sie ihre Gespräche fortsetzen. Die beiden waren erfrischend unbeleckt auf dem Gebiet der Strukturchemie der DNA. Der exzentrische, schlaksige Amerikaner und der laut fachsimpelnde Brite schüttelten am laufenden Band spekulative Theorien aus dem Ärmel, und sie besaßen keine Hemmungen, den Vorschlag des anderen gnadenlos zu verreißen. Höflichkeit, meinte Crick in einer BBC-Sendung, sei Gift für jede gute Zusammenarbeit in der Wissenschaft. Die Seele der Zusammenarbeit sei absolute Offenheit, Grobheit, wenn es sein müsse. Voraussetzung dafür sei allerdings Gleichrangigkeit in der Wissenschaft. Denn wenn eine Person sehr viel ranghöher sei als die andere, schleiche sich die Schlange Höflichkeit ein. Zwischen „Jim" Watson und Francis Crick gab es eine seltene, äußerst fruchtbare Art der Zusammenarbeit, wie die z.B. von Jacques Monod und François Jacob bei der Aufklärung der Genregulation. Ein Freund von Horrace Judson ging so weit zu behaupten, Watson und Crick hätten sich im Grunde geliebt. Da sie ständig um gegenseitige Anerkennung wetteiferten, habe sich die fortgesetzte produktive Zusammenarbeit ergeben.

Nach ihrer Entdeckung spielte Crick eine maßgebliche Rolle bei der Entschlüsselung des genetischen Code. Ab 1976 arbeitete er über das Gehirn und Bewußtsein am *Salk Institute for Biological Studies* im kalifornischen La Jolla. Watson zog sich aus der direkten Forschungsarbeit zurück und übernahm Leitungsstellen an der Harvard Universität und im Labor von Cold Spring Harbor. In den Jahren von 1990 bis 1992 leitete er das *Human Genome Project*, das noch heute laufende Programm der Entschlüsselung des menschlichen Erbmaterials.

Um die Struktur der DNA aufzuklären, benötigten sie Größen über Durchmesser, Länge, Drehungen, Ganghöhen, Dichte, Wassergehalt und vor allem Informationen über die Art der chemischen Bindungen. Bekannt war, daß der Abstand zweier aufeinanderfolgender Bauelemente 3,4 Ångström betrug. Nur einen Häuserblock vom Cavendish Labor entfernt hatte der Biochemiker Alexander Todd die Gerüstkette der DNA aus abwechselnden Zucker- und Phosphatmolekülen entdeckt. Eigentlich sollten Crick und Watson gar nicht über DNA forschen, denn Crick schrieb seine Doktorarbeit über Hämoglobin, und Watson sollte über Bakterienviren forschen. Die DNA war die Sache von Maurice Wilkins und Rosalind Franklin am Labor des *King's College* in London.

Maurice Wilkins hatte Physik in Cambridge studiert, in Birmingham promoviert und war in den USA am Manhattan-Projekt, der Entwicklung der Atombombe, beteiligt. Auch ihn hatte Schrödingers *Was ist Leben?* angeregt, mit Physik grundlegende Lebensprozesse zu erforschen. 1946 war er ans King's College in London gekommen, wo er zwei Jahre vergeblich versuchte, mit Ultraschall Mutationen an Taufliegen auszulösen. Er war eher der sachlich-nüchterne Forscher, der sich später nur schwer von Cricks und Watsons Begeisterung für die DNA anstecken ließ. Anderthalb Jahre, bevor Watson und Crick sich trafen, hatte er mit der Röntgenstrukturanalyse der DNA begonnen und war auf Schwierigkeiten gestoßen. Rosalind Franklin, eine ausgewiesene Expertin auf diesem Gebiet, wurde eingestellt, um weiterzuhelfen.

Rosalind Franklin war die tragische Figur in der komischen Geschichte der Entdeckung der DNA-Struktur. Hochintelligent, energisch, unfreiwillig einzelkämpferisch, wurde sie halb Opfer der allgemeinen Benachteiligung von Frauen in der Wissenschaft, halb Opfer ihres Eigensinns. Selbst dicht vor der Aufklärung der Struktur der DNA stehend, fehlte ihr ein Wissenschaftspartner, der sie auf bestimmte Dinge aufmerksam gemacht hätte. Sie entstammte einer gebildeten jüdischen Familie. Nach ihrem Chemiestudium in Cambridge hatte sie vier Jahre lang in Paris mit Röntgenbeugung an Kohle und Graphit experimentiert. 1950 ging sie ans King's College nach London. Zielstrebig und geschickt in der Technik, wurde sie zur Spezialistin im Anfertigen von Röntgenbildern von DNA. Nicht so hervorragend war sie in der Interpretation der Aufnahmen. Zwischen ihr und Wilkins herrschte ein eisiges, feindseliges Verhältnis. Sie betrachtete von Anfang an die Röntgenstrukturanalyse der DNA als ihre Domäne.

Kollegen erinnerten sich hauptsächlich an die Wissenschaftlerin Franklin und den ausgesprochenen Vernunftmenschen, als den sie sich zeigte. Raymond Gosling, der seine Doktorarbeit unter ihrer Leitung schrieb, hielt sie dagegen auch für eine sehr gefühlsbetonte Person. Sie sei zurückhaltend gewesen, nicht der Mensch, der seine Ideen über Kristallstrukturen gegenüber Menschen wie Wilkins offen ausbreitete. Als Frau durfte sie nicht an der Mittagstafel teilnehmen, den die leitenden Forscher am King's College organisiert hatten – keine Seltenheit in den 50er Jahren, doch es ärgerte sie. Sie hatte keine glückliche Zeit am King's College und wechselte daher 1953 ans Labor des Birkbeck College. Im April 1958 erlag sie im Alter von 37 Jahren einem Krebsleiden. Den Nobelpreis für Medizin oder Physiologie teilten sich im Jahr 1962 James Watson, Francis Crick und Maurice Wilkins – das Preiskomitee versäumte es, Rosalind Franklin posthum mit zu ehren.

1951 lud Wilkins Watson zu einem Seminar nach London ein. Rosalind Franklin stellte ihre neuesten Ergebnisse vor. Watson, der sich auf die Schnelle ein wenig in das Gebiet eingelesen hatte, verstand vieles nicht und vergaß den Wassergehalt der DNA. Zu dem Zeitpunkt hielt auch Rosalind Franklin eine Helixstruktur für wahrscheinlich. Sie sollte aus 2, 3 oder 4 Einzelketten bestehen. Jede habe ein Rückgrat aus einer Zucker-Phosphatkette. Daran angehängt seien die organischen Basen. Franklin vermutete, daß die Basen innen und die Zucker-Phosphatketten außen lägen. Diese Ergebnisse spornten Watson und Crick an, ihr erstes Modell aus drei Ketten zu bauen, mit dem sie sich vor Franklin und Wilkins so blamieren sollten.

1952 kam der namhafte Chemiker Erwin Chargaff, ein österreichischer Amerikaner, nach Cambridge. Chargaff hatte im Jahr 1950 DNA chemisch analysiert und gefunden: Die Anzahl der Moleküle der Purinbasen – Adenin und Guanin – ist gleich der Anzahl der Pyrimidinbasen – Thymin und Cytosin. Und zweitens: Adenin ist gleich stark vertreten wie Thymin und Guanin wie Cytosin. Doch Chargaff verfolgte dieses Ergebnis damals nicht weiter.

Kritisch beäugte er jetzt die beiden jungen Männer, den Amerikaner mit den wirr abstehenden Haaren – Watson wollte nicht wie ein GI von der Airforce aussehen – sowie den vorlauten Engländer. Peinlich für Crick war, daß ihm im Gespräch mit Chargaff die Molekülstrukturen der vier Basen nicht einfielen. Gegenüber Horace Judson meinte Chargaff später: „Die beiden beeindruckten mich durch ihre enorme Ahnungslosigkeit. (...) Ich habe noch nie zwei Männer getroffen, die so wenig wußten und so hoch hinauswollten. Sie gingen an ihre Aufgabe, als handele es sich um einen Schelmenstreich – sehr intelligente junge Leute, die nicht viel wußten." Später in einem Brief erkundigte er sich, „was denn seine beiden wissenschaftlichen Clowns im Schilde führten."

Wilkins und Franklin verwendeten zunächst Proben von DNA, denen sie das Wasser entzogen hatten. So erhielten sie Aufnahmen von der A-Form. Als Franklin der DNA wieder Wasser hinzufügte, nahm die Länge eines Schraubenumgangs um 20 % zu. Im Frühjahr 1952 gelangen ihr sehr gute Aufnahmen der wasserhaltigen B-Form. Sie stellte fest, daß ein vollständiger Schraubenumgang aus 10 Bauelementen oder Nukleotiden bestand. Die Ganghöhe betrug 34 Ångström. Man hätte dem Bild auch den Durchmesser des Moleküls von 20 Ångström entnehmen können. Somit war auch Franklin relativ dicht dran, das Rätsel zu lösen. Aber sie erkannte das nicht und wandte sich wieder der kristallinen DNA zu, der A-Form.

In seinem Buch *Die Doppel-Helix* rückte Watson Rosalind Franklin in ein ausgesprochen ungünstiges Licht und verkniff sich auch spöttische Bemerkungen über ihre Kleidung nicht – mit denen er nach dem Urteil anderer völlig danebenlag. Dem ging wieder eine gewisse arrogante Haltung Franklins gegenüber dem jüngeren und schnöselig wirkenden Amerikaner voraus. Eine groteske Begegnung schildert Watson in seinem Buch, als er in Franklins Labor platzte, ihr das Manuskript von Pauling zeigte und sich über Helixstrukturen ausließ. Als Franklin gereizt reagierte, provozierte er sie, indem er meinte, sie sei unfähig, Röntgenaufnahmen zu interpretieren. Mit ein bißchen Theorie würde sie verstehen, daß ihre Indizien gegen eine Helix notwendigerweise von Verzerrungen herrührten. „Plötzlich kam Rosy hinter dem Laboratoriumstisch, der uns trennte, hervor und ging auf mich los. Da ich Angst hatte, sie könnte mich in ihrer Wut schlagen, grapschte ich mir Paulings Manuskript und zog mich in aller Eile in Richtung der offenen Tür zurück."

Angeblich rettete Wilkins ihn, der gerade zur Tür hereinschaute. Wilkins ahnte nicht, daß Watson und Crick in der Lage sein würden, die DNA-Struktur zu knacken. Freimütig zeigte er Watson Franklins gelungene Aufnahme der B-Form. Watson wußte bereits, daß der Abstand zweier Basen entlang der Kette

3,4 und der Durchmesser des Moleküls 20 Ångström betrug. Nun enthüllte das Bild eine Helix, deren Schraubenumgang aus 10 Einheiten bestand und 34 Ångström hoch war. Diese Zahlen und das charakteristische Muster auf dem Röntgenbild behielt Watson im Kopf und kritzelte im Zug nach Hause Spiralen.

Nach einer Besprechung mit Crick sollte das Modellbauen so schnell wie möglich losgehen. Die Werkstatt des Cavendish brauchte Zeit, um die Modellteile anzufertigen. Watson begann mit Karton und Drähten. Zwei Tage lang plazierte er die Gerüstkette aus Zucker-Phosphat innen, dann auf Cricks Vorschlag außen. Jeden Nachmittag ging er für zwei oder drei Stunden Tennisspielen. Dann hatte Crick eine Erleuchtung. Er erkannte, daß DNA kristallographisch genau zu der Raumgruppe gehörte wie Hämoglobin. Dies bedeutete, daß das Molekül zur Deckung kam, wenn man es um 180° drehte. Eine Gerüstkette paßte auf den Kopf gestellt genau auf die andere wie zwei Bleistifte, die Spitze an Ende nebeneinander lagen. Dies bedeutete auch, daß es eine Doppelkette und keine Dreierkette gab. Die beiden Gerüstketten aus Zucker-Phosphat waren also nicht identisch, sondern gegenläufig, und jede Kette mußte eine volle Spiraldrehung von 360° machen, bevor die Struktur mit sich selbst zur Deckung kam. Wären die beiden Gerüstketten gleichläufig wie zwei Bleistifte Spitze an Spitze, dann kämen beide Ketten bereits nach einem halben Umlauf von 180° zur Deckung.

Watson las über die Biochemie der Nukleinsäuren und begann Basen über Wasserstoffbrücken zu paaren. Als er zwei Adeninmoleküle nebeneinander legte, dachte er, er hätte es geschafft. Die Freude währte nur kurz, weil die Purinbasen A und G etwa doppelt so groß sind wie die Pyrimidinbasen T und C. Demzufolge müßte die Helix seitlich aus- und eingebuchtet ein. Überdies hatte er die falschen Molekülformen verwendet. Jerry Donohue, ein Postdoc-Stipendiat von Linus Pauling, wies Watson darauf hin, seiner Überzeugung nach träten die Basen in der Ketoform auf. Die beiden möglichen Molekülformen, die Enol- und die Ketoform, unterscheiden sich lediglich durch die Position eines Wasserstoffatoms. Jetzt ging Watson daran, die Ketoformen der Basen auf Karton zu zeichnen und auszuschneiden, da die Werkstatt immer noch nicht die Modellteile fertig hatte.

Am Samstag, den 28. Februar 1953, kam er ins Büro zurück

und probierte Basenpaarungen aus. Und er fand, daß ein Adenin-Thymin-Paar, das durch zwei Wasserstoffbrücken an bestimmten Stellen zusammenhielt, die gleiche Gestalt hatte wie ein Guanin-Cytosin-Paar. Als Crick kam, fiel dem sofort auf, daß diese Anordnung der Basen dafür sorgte, daß die beiden Gerüstketten aus Zucker-Phosphat gegenläufig waren, wie es sein sollte. Auch die Chargaffschen Regeln waren erfüllt. Doch das Schönste war: Jetzt gab es eine elegante Erklärung für die Verdoppelung des Erbguts: Löst sich die Doppelkette in zwei einzelne Abschnitte, dann dienen die Einzelketten als Matrizen. Jede Einzelkette ist ein Positiv, das durch Anlagerung des Negativs vervollständigt wird.

Endlich kamen die Modellteile aus der Werkstatt, galvanisierte Metallplättchen mit den Umrissen der Basenmoleküle mit angeschweißten Messingstäbchen verschiedener Längen für die chemischen Bindungen. Der Maßstab betrug 5 cm = 1 Ångström, so daß eine Schraubendrehung 1 Meter 70 hoch war. Sie maßen alle Abstände und Winkel mit Senkblei und Meßlatte nach. Am 7. März stellten sie ihr Modell Mitarbeitern und Besuchern vor, lebhaft erläutert von Crick. Rosalind Franklin meinte, die Struktur sei zu schön, um nicht wahr zu sein, und vergaß für eine Weile allen Ärger.

Der 88jährige Experimentalphysiker G. F. S. Searle, der hinzugerufen wurde, betrachtete das Modell eine Weile und meinte trocken, wenn dies die Grundlage der Vererbung sei, bräuchten wir uns nicht zu wundern, daß wir ein so seltsamer Haufen seien.

# Literatur

## Geschichte der Biologie

Bäumer, Änne: Geschichte der Biologie. Bd. 1: Biologie von der Antike bis zur Renaissance. Bd. 2: Zoologie der Renaissance – Renaissance der Zoologie. Bd. 3: 17. und 18. Jahrhundert. Peter Lang, Frankfurt a.M. 1991 und 1996

Eckart, Wolfgang: Geschichte der Medizin. Springer, Berlin/Heidelberg, 1990

Jahn, Ilse; Rolf Löther u. Konrad Senglaub (Hrsg.): Geschichte der Biologie. Gustav Fischer, Stuttgart 1994

## Marcello Malpighi

Adelmann, Howard B.: Marcello Malpighi and the Evolution of Embryology. 5 Bde. Cornell University Press, Ithaca, New York 1966

Meli, Domenico Bertoloni (Hrsg.): Marcello Malpighi – Anatomist and Physician. Leo S. Olschki, Florenz 1997

Wilson, Leonard G.: Malpighi and the Seventeenth Century Embryology. An Essay Review. Journal of the History of Medicine, Vol. 22, 1967

## Maria Sibylla Merian

Kaiser, Helmut: Maria Sibylla Merian. Eine Biographie. Winkler, Düsseldorf 1997

Kerner, Charlotte: Seidenraupe, Dschungelblüte. Die Lebensgeschichte der Maria Sibylla Merian. 5. Aufl., Beltz Verlag, Weinheim 1993

Pfister-Burkhalter, Margarete: Maria Sibylla Merian. Leben und Werk 1647–1717. GS-Verlag, Basel 1980

Wettengl, Kurt (Hrsg.): Maria Sibylla Merian: 1647–1717, Künstlerin und Naturforscherin. [Katalog zur Ausstellung „Maria Sibylla Merian (1647–1717), Künstlerin und Naturforscherin zwischen Frankfurt und Surinam" des Historischen Museums Frankfurt am Main vom 18. 12. 1997–1. 3. 1998] Hatje, Ostfildern 1997

## Carl von Linné

Blunt, W., u. W. T. Stearn: The Compleat Naturalist. A Life of Linnaeus. Collins, London 1971

Frängsmyr, Tore (Hrsg.): Linnaeus. The Man and His Work. University of California Press, Berkeley 1983

Goerke, Heinz: Carl von Linné. Arzt, Naturforscher, Systematiker. Wissenschaftliche Verlagsgesellschaft, Stuttgart 1989

Lepenies, Wolf: Autoren und Wissenschaftler im 18. Jahrhundert. Linné, Buffon, Winckelmann, Georg Forster, Erasmus Darwin. Carl Hanser Verlag, München 1988

Uggla, Arvid: Carl von Linné. Schwedisches Institut Stockholm, Uppsala 1959


## Charles Darwin

Darwin, Charles Robert: Mein Leben: 1809–1882. Hrsg. von Nora Barlow. Insel-Verlag, Frankfurt a. M. 1993

Darwin, Charles: On the Origin of Species. A Facsimile of the First Edition with an Introduction by Ernst Mayr. Harvard University Press, Cambridge (Mass.) 1981

Darwin, Charles: Die Entstehung der Arten. Reclam, Stuttgart 1963

Desmond, Adrian u. James Moore: Darwin. Rowohlt, Reinbek 1994


## Gregor Mendel

Krumbiegel, Ingo: Gregor Mendel und das Schicksal seiner Entdeckung. Wissenschaftliche Verlagsgesellschaft, Stuttgart 1967

Löther, Rolf: Wegbereiter der Genetik: Gregor Johann Mendel und August Weismann. Harri Deutsch, Frankfurt a. M. 1990

Sajner, Josef: Johann Gregor Mendel. Leben und Werk. Augustinus-Verlag, Würzburg 1976


## Louis Pasteur

Attwood, Evelyn: Louis Pasteur. Longmans, Green and Co., London 1957

Debré, Patrice: Louis Pasteur. Flammarion, Paris 1994

Dubos, René: Pasteur and Modern Science. Science Tech Publishers, Madison 1988

Geison, Gerald L.: The Private Science of Louis Pasteur. Princeton University Press, Princeton 1995

Pilz, Heinz: Louis Pasteur. Teubner, Leipzig 1976


## Santiago Ramón y Cajal

Cannon, Dorothy F.: Explorer Of The Human Brain. The Life of Santiago Ramón y Cajal (1852–1934). Henry Schuman, New York 1949

Craigie, E. Horne, u. William C. Gibson: The World of Ramón y Cajal. With Selections of His Nonscientific Writings. Charles C. Thomas, Springfield Illinois 1968

Gibson, William C.: Ramón y Cajal and his School: Personal Recollections. The Journal of the History of Medicine and Allied Sciences, Vol. 49: 546–564, 1994

Lewy Rodriguez, Enriqueta: Santiago Ramón y Cajal. El hombre, el sabio y el pensador. Extensión Científica y Acción Cultural del C.S.I.C., Madrid 1987

Ramón y Cajal, Santiago: Recollections Of My Life (Recuerdos de mi vida). Garland Publishing, New York & London 1988

Williams, Harley: Don Quixote of the Microscope. An interpretation of the Spanish savant Santiago Ramón y Cajal (1852–1934). Jonathan Cape, London 1954


## Konrad Lorenz

Amberg, Max: Konrad Lorenz. Kilda, Greven 1977

Bischof, Norbert: Gescheiter als alle die Laffen. Ein Psychogramm von Konrad Lorenz. Rasch und Röhring, Hamburg 1991

Festetics, Antal: Konrad Lorenz. Piper, München 1983

Lorenz, Konrad: Die Rückseite des Spiegels. Piper, München 1973

Nisbett, Alec: Konrad Lorenz. J. M. Dent & Sons, London 1976

Wuketits, Franz M.: Konrad Lorenz. Piper, München 1990


## Barbara McClintock

Fedoroff, Nina, und David Botstein (Hrsg.): The Dynamic Genome. Barbara McClintock's Ideas in the Century of Genetics. Cold Spring Harbor Laboratory Press 1992

Fox Keller, Evelyn: Barbara McClintock. Birkhäuser, Basel 1995


## James Watson und Francis Crick

Judson, Horace: Der 8. Tag der Schöpfung. Sternstunden der neuen Biologie. Meyster, Wien 1980

Olby, Robert: The Path to the Double Helix. University of Washington Press, Seattle 1974

Strathern, Paul: Crick, Watson & die DNA. Fischer, Frankfurt a. M. 1998

Watson, James D.: Die Doppel-Helix. Rowohlt, Reinbek 1969

# Abbildungsnachweis